工业和信息化部"十四五"规划教材

航天器环境简明教程

A Concise Introduction to Spacecraft Environment

谢志民 主 编

刘宇艳 成中军 副主编

哈尔滨工业大学出版社
HARBIN INSTITUTE OF TECHNOLOGY PRESS

内 容 提 要

本书全面介绍了航天器在制造、发射、在轨飞行、再入返回全过程涉及的环境特征,将空间环境效应分为6类,即中性粒子环境、真空环境、等离子体环境、辐射环境、微流星体和空间碎片环境,以及空间热环境。通过力学、热学、电磁学等基本概念和原理描述,系统阐述气动阻力、增阻离轨、物理溅射、原子氧剥蚀、分子污染、加工制造过程污染、德拜屏蔽、电弧放电、辐射总剂量效应和剂量率效应、高速撞击动力学、再入气动加热与热防护、航天器热设计与热计算等重要基础理论,并对相关应用及前沿问题进行必要介绍。本书内容介绍由浅入深,循序渐进,突出多学科基础理论、基本概念,可使学生在有限学时内掌握航天基本知识,为未来从事航天器系统与结构设计提供参考。

本书是为航空航天工程等专业大学本科专业核心课程"航天器环境"编写的教材,也可作为工科相关专业本科生和研究生学习的参考书。

图书在版编目(CIP)数据

航天器环境简明教程/谢志民主编. —哈尔滨:
哈尔滨工业大学出版社,2023.10
ISBN 978-7-5767-0876-9

Ⅰ.①航… Ⅱ.①谢… Ⅲ.①航天器环境-教材
Ⅳ.①X21

中国国家版本馆 CIP 数据核字(2023)第 105856 号

策划编辑 杜 燕
责任编辑 谢晓彤
出版发行 哈尔滨工业大学出版社
社 址 哈尔滨市南岗区复华四道街 10 号 邮编 150006
传 真 0451-86414749
网 址 http://hitpress.hit.edu.cn
印 刷 哈尔滨午阳印刷有限公司
开 本 787 mm×1 092 mm 1/16 印张 9.75 字数 222 千字
版 次 2023 年 10 月第 1 版 2023 年 10 月第 1 次印刷
书 号 ISBN 978-7-5767-0876-9
定 价 38.00 元

前　言

在新的历史机遇下,我国的航天事业蓬勃发展,大量优秀人才投身航天事业。为适应新时期学科发展和服务国家航天重大战略需求,以及满足人才培养的新要求,特地编写此书,旨在简明扼要地介绍空间环境、临近空间环境等关键特征及其对航天器的作用机制,并深入讨论空间环境效应基本概念和原理。

本书全面介绍航天器在制造、发射、在轨飞行、再入返回全过程涉及的环境特征,通过力学、热学、电磁学等基本概念和原理描述,系统阐述气动阻力、增阻离轨、物理溅射、原子氧剥蚀、分子污染、加工制造过程污染、德拜屏蔽、电弧放电、辐射总剂量效应和剂量率效应、高速撞击动力学、再入气动加热与热防护、航天器热设计与热计算等重要基础理论,并对相关应用及前沿问题进行必要介绍。空间环境对航天器的作用是各种因素综合作用的结果,为使学生更好地理解空间环境效应,本书根据空间环境所具有的基本特性,将空间环境效应分为6类分别进行介绍,即中性粒子环境、真空环境、等离子体环境、辐射环境、微流星体和空间碎片环境,以及空间热环境。本书内容介绍由浅入深,循序渐进,突出多学科基础理论、基本概念,可使学生在有限学时内掌握航天基本知识,为未来从事航天器系统与结构设计提供参考。

全书内容编排如下:第1章是航天器环境概述,第2~7章是6类环境效应与作用机理,第8章是空间环境地面模拟相关内容。全书由谢志民、刘宇艳、成中军编写,由谢志民统稿。哈尔滨工业大学复合材料与结构研究所的部分教师曾对书稿提出过宝贵的意见和建议,安博远和杨成祚同学绘制了本书部分插图,在此对他们表示衷心的感谢。

由于编者水平所限,书中的疏漏之处在所难免,敬请读者批评指正。

编　者
2023 年 8 月

目　　录

第1章 绪 论

1.1 概 述

  航天器是指在太空运行,利用太空和天体执行探索、开发等特定任务的各类飞行器,由通用载荷(平台)和有效载荷组成,主要包括卫星、空间站及运载火箭等,可分为载人航天器和无人航天器。中国空间站(图1.1)、国际空间站(International Space Station,ISS)、和平号空间站以及航天飞机是典型的载人航天器,而转播电视信号与广播信号的通信卫星以及气象卫星是典型的无人航天器。航天器的出现使人类的活动范围从地球大气层延伸到广阔无垠的宇宙空间,实现了人类认识自然能力的飞跃,对人类社会政治、经济、军事、科技、文化等的发展产生了重大影响。航天器通常包括容纳各个分系统和有效载荷的硬件结构、推进系统、供电系统、热控系统、姿态定位和控制系统、遥感、跟踪及通信系统等,以使其具备一定的基本功能来维持有效载荷的正常运行。航天器设计的基本要求是质量轻、体积小、可靠性高、寿命长。航天器在空间环境受到高真空、强辐射、失重等作用,如何使航天器在与地面完全不同的空间环境下正常工作一直是航天领域的关键问题之一。

图1.1 中国空间站

  尽管人们通常认为空间环境近似真空,但在轨道航天器所处的环境中,可能还包括大量的中性粒子、带电粒子、微流星体、空间碎片、尘埃以及存在的电磁辐射。单一环境因素或多种环境因素耦合都有可能与航天器表面或其分系统产生严重的相互作用,如影响航天器轨道和寿命、航天器姿态、航天器结构、航天器材料、航天器表面电位等。航天器要做到长寿命、高可靠,必须适应各种不同飞行剖面,经受各种不同组合的环境应力。

美国国家海洋和大气局国家地球物理数据中心收集了1971～1989年间发生的航天器与空间环境相互作用造成的2 779次异常现象,并做成了数据库。通过对美国国家航空航天局(National Aeronautics and Space Administration,NASA)和美国空军曾经发射的航天器的研究表明,有20%～25%的航天器故障是与空间环境相关的。表1.1列出了部分航天器出现的异常现象。

表1.1　部分航天器出现的异常现象

航天器	异常现象
Anik E-1和E-2通信卫星	在航天器充电期间,动量轮控制系统出现故障
Ariel 1通信卫星	高空核爆后出现故障
地球同步卫星	表面带电,形成弧光放电,造成了许多指令异常
全球定位系统	光化学沉积导致的污染使太阳能电池阵的功率输出降低,热控材料性能下降
Intelsat K通信卫星	表面带电,形成弧光放电,造成指令异常
长期暴露装置	回收时,提前1个月再入大气层 大量的微流星体和空间碎片撞击 大量污染物以及原子氧剥蚀 感应辐射
金星探测器	高能宇宙射线导致部分指令存储器异常
天空实验室	不断增加的大气阻力导致再入大气层
航天飞机	大量微流星体、轨道碎片的撞击 航天飞机辉光 进行防撞机动
"尤利西斯"探测器	在英仙座流星雨高峰期出现故障

航天器环境不仅指在轨飞行的空间环境,还包含了其在地面、发射和再入返回所遇到的环境。地面环境包括制造、运输和储存过程中温度、湿度、振动等环境;发射环境包括点火升空、级间分离、抛罩、变轨过程中产生的振动、噪声、冲击、加速度等力学环境;再入返回环境包括调姿、制动、再入、着陆等产生的气动力加热与力学环境等。

本书重点介绍航天器在制造、发射、在轨飞行、再入返回全过程涉及的典型环境特征,阐述气动阻力、原子氧剥蚀、分子污染、加工制造过程污染、航天器充电、高能辐射、高速撞击、再入气动加热与热防护、空间热控等机理,讨论环境因素作用于航天器的方式,以及建立不同环境因素与航天器设计参数之间的关系。正确认识和理解这种关系是航天器各级研制人员必备的能力和素质要求,特别地,对航天器设计者来说非常重要,因为他们设计的航天器必须满足特定轨道的环境要求。

1.2　空间环境效应

空间环境是航天器区别于地面结构的特有环境,因此对空间环境效应的研究至关重要。空间环境通常是对应轨道空间所有环境总称,为了反映地球轨道环境所具有的基本特征,将空间环境分为如下几大类,即真空环境、中性粒子环境、等离子体环境、辐射环境和微流星体及空间碎片环境。

大气密度随高度的升高而降低,海平面密度为 $1.225\ kg/m^3$。航天器运行的典型高度,即 300 km 的轨道高度,其大气密度比海平面低大约 10 个数量级。虽然已相当稀薄,但对航天器的阻力效应仍不能忽视。大气对航天器作用力的大小与大气密度成正比。在高轨道上运动的航天器,遇到的大气稀薄、阻力小,因此轨道寿命较长。在低轨道上运行的航天器,遇到的大气密度较稠密,受到的阻力大,因此寿命短。对于椭圆轨道,航天器受到的大气阻力主要在近地点附近的一段轨道,近地点大气阻力下降缓慢,远地点以较快的速率下降。航天器的轨道是由长半轴逐渐缩短的椭圆轨道变成圆轨道,之后再逐渐下降到大气层以内,使航天器陨落。实时的空间大气密度数值对于预报航天器的轨道、航天器的陨落时间和地点都是很重要的。反过来也可以利用航天器轨道的变化来测定空间大气密度的分布。中性粒子既可以通过撞击对航天器产生机械作用,也可以通过自身的反应特性与其产生化学作用,如原子氧的剥蚀作用等。

航天器运行轨道的高度不同,真空度也不同,轨道越高,真空度越高,产生的影响主要有压力差效应、真空放电效应、真空出气效应、材料蒸发/升华和分解效应、黏着和冷焊效应等。在空间真空环境下,航天器与外界的传热主要以辐射形式发生。航天器表面的辐射特性对航天器热控起着重大作用,航天器的热设计必须考虑空间真空环境下传热以辐射与接触传热为主导的效应。

波长短于 300 nm 的所有紫外线辐照虽然只占有太阳总辐照的 1% 左右,但起的作用很大。在 300 km 高度的轨道上,大约有 1% 的中性粒子由于太阳紫外线的辐射,被电离而失去电子。这些带电粒子形成的等离子体环境可以产生完全不同的相互作用。这些粒子可以使航天器表面形成静电场、充电而形成高压,产生放电脉冲,并导致科学仪器收集到的数据发生偏差,或者引发航天器外壳弧光放电;另外,还会加重航天器表面的分子污染,影响材料性能和太阳电池光电转换效率。由能量在 keV 级或以下的带电粒子产生的现象属于等离子体环境效应。

某些带电粒子的能量为 MeV 级或更高,它们会造成与能量低的带电粒子完全不同的影响。这些高能带电粒子可以穿透大多数物质,改变物质的物理结构,形成辐射环境。高能带电粒子轰击微电子器件,在其内部极短路径(仅几微米)上产生大量的电子-空穴对,在器件电场作用下迅速集结,形成密集电荷,导致电子器件工作状态的瞬时翻转,即单粒子翻转效应。随着器件的集成度越来越高,单粒子翻转事件所需的临界电荷越来越小,发生的概率也越来越高。高能粒子辐照还会引发单粒子锁定效应,它主要发生在互补金属氧化物半导体(Complementary Metal Oxide Semiconductor,CMOS)晶体管器件上。带电粒子主要通过电离作用和原子位移作用对航天器造成辐照损伤。

　　航天器可能会受到微小尺寸的天然尘埃或人工碎片的撞击作用,这些微粒形成了微流星体和空间碎片环境作用。微流星体通常是指直径在 1 mm 以下、质量在 1 mg 以下的固体颗粒,它们主要来源于小行星和彗星;空间碎片主要来源于航天器在发射或工作时丢弃的物体等。微流星体和空间碎片易使航天器热控涂层破坏、太阳电池阵结构损伤功能失效、天线变形、结构件发生撞击损坏,甚至可能使燃料箱爆炸。

　　航天器在空间运行时,处于高真空和微重力的状态下,与周围气体的热交换可以忽略,此时航天器的热控制只要考虑热辐射作用。航天器表面热平衡取决于太阳电磁辐射对航天器的加热,地球和大气反射太阳电磁辐射对航天器的加热,地球本身的红外辐射对航天器的加热,空间背景对航天器的加热以及航天器本身的热辐射。对于返回式航天器,需要考虑入大气层的高温热防护问题。

　　表 1.2 列出了空间环境效应。航天器所处的轨道不同,这些作用也各有差异。

表 1.2 空间环境效应

环境	效应
中性粒子环境	机械效应(气动阻力、物理性溅射) 化学效应(原子氧剥蚀、航天器辉光)
真空环境	太阳紫外线射线造成材料降解,材料出气,黏着和冷焊效应
等离子体环境	航天器表面充电(接地电压改变) 释放静电(电介质击穿、气弧放电) 辅助溅射 吸附污染物
辐射环境	总剂量效应(太阳能电池性能降低、传感器性能降低、电子设备性能降低) 单粒子效应(翻转、闭锁、……)
微流星体和空间碎片环境	高速撞击

1.3　空间轨道环境

　　航天器所承受的空间环境效应影响的类型和程度取决于其所处的轨道高度和轨道倾角。地球轨道高度(h_e)指地面到航天器轨道的距离,轨道半径(R_E)指地心到轨道的距离,地球轨道示意图如图 1.2 所示。近地点低于 1 000 km 的轨道称为低地球轨道(Low Earth Orbit,LEO),这种轨道上通常运行航天飞机和大型有效载荷(如 340 km 高度的国际空间站,390 km 高度的和平号空间站,595 km 高度的哈勃望远镜等),或者是对地球进行近距离观测的航天器(如 622 km 高度的瑞典气象卫星 Odin 等)。高度为 1 000 ~ 2 000 km 的轨道称为中地球轨道(Medium Earth Orbit,MEO),有时候也称为高地球轨道(High Earth Orbit,HEO),在这种轨道上运行的侦察卫星经常采用椭圆形轨道。

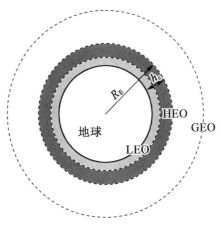

图 1.2 地球轨道示意图

在 35 800 km 高度的地球同步轨道(Geostationary Earth Orbit,GEO)上运行的是各种监测卫星或通信卫星。GEO 是非常重要的轨道,轨道高度约为 35 800 km,轨道周期等于地球在惯性空间中的自转周期(T=23 h 56 min 4 s)。假设质量为 m_s 的航天器在地球同步轨道做圆周运动,轨道半径 $R_E=h_e+r$,地球半径 r=6 378 km。在圆形轨道,向心力由万有引力提供,即

$$m_s R_E \omega^2 = \frac{GM_e m_s}{R_E^2} \qquad (1.1)$$

式中,M_e 为地球质量,M_e=5.97×10^{24} kg;G 为万有引力常数,G=6.67×10^{-11} m^3/(kg·s^2);ω 为角速度,$\omega=2\pi/T$。

由此,地球同步轨道高度 $h_e \approx$ 35 800 km。

多数航天器运行在 300 km 左右轨道高度上。不同轨道环境对航天器的影响见表1.3。

表 1.3 不同轨道环境对航天器的影响

环境	低轨	中高轨	地球同步轨道
中性粒子	阻力严重影响轨道,原子氧对表面材料剥蚀严重	没有影响	没有影响
真空(紫外线电离高能带电粒子)	辐射带作用,宇宙射线诱发单粒子事件	辐射带作用,宇宙射线总剂量和单粒子效应严重	宇宙射线总剂量和单粒子效应严重
等离子体	影响通信,电源泄漏	影响微弱	航天器表面充电问题严重
太阳辐射	影响表面材料性能	影响表面材料性能	影响表面材料性能
微流星体	碰撞概率低	碰撞概率低	碰撞概率低

地球轨道倾角是地球赤道平面与轨道平面的夹角,地球同步轨道示意图如图 1.3 所

示。轨道倾角为零的地球同步轨道也称为地球静止轨道,在地球静止轨道上,航天器每天任何时刻都处于相同地方的上空,而在地球同步轨道上运行的航天器每天在相同时间经过相同地方的天空。星下点是航天器-地心连线和地面的交点,星下点轨迹就是航天器运动时星下点在地面形成的曲线。地球静止轨道的航天器星下点轨迹是一个点,而地球同步轨道时是一条8字形的封闭曲线。地球静止轨道只有一条,轨道资源十分宝贵,通信卫星、部分气象卫星多采用这种轨道。

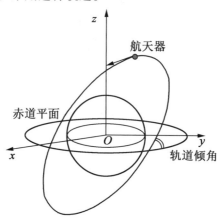

图 1.3　地球同步轨道示意图

轨道倾角约为 99°时(实际角度是高度的函数),且轨道平面绕地球自转轴旋转的方向与地球公转的方向相同,航天器在此轨道平面运行的速率与地球绕太阳运行的速率相同,即旋转角速度为 360(°)/年。这时航天器与太阳间的角度保持不变,这种轨道称为太阳同步轨道。在太阳同步轨道上的航天器以相同的方向经过同一纬度的当地时间是相同的。这样,在相当一段长时间内,航天器经过的地区的光照条件大致是相同的。以瑞典 2001 年发射的气象卫星 Odin 为例进行说明,图 1.4 中阴影部分表示黑夜。该卫星运行在太阳同步轨道,轨道倾角为 97.8°。春分和秋分时,白天和黑夜分界线与赤道垂直,轨道线在北半球时处于白天,在南半球时处于黑夜,所以卫星白天在北半球,黑夜在南半球,黑夜时探测不到太阳辐射;夏至时更是这样,而且白天时离太阳更近;冬至时与夏至时相反,卫星经过北半球时是黑夜,探测不到太阳辐射,而经过南半球时是白天。当太阳直射南半球的时候,卫星会在黑夜和白天分界线的位置上运行,这样卫星一直探测的是黎明或黄昏的太阳辐射。Odin 卫星周期为 96 min,一天是 24×60 min,所以卫星一天绕地球旋转 24×60/96=15(周)。选取发射时间可以使航天器经过一些地区时,始终处于比较好的光照条件,从而支持太阳电池充足连续供电,或在拍摄地面图像时有充足的感光条件。轨道倾角稍大于 90°的太阳同步轨道,还兼有极低轨道的特点,可以实现航天器对地观测范围覆盖整个地球表面。正是由于这些优点,气象卫星和地球资源卫星一般采用太阳同步轨道。

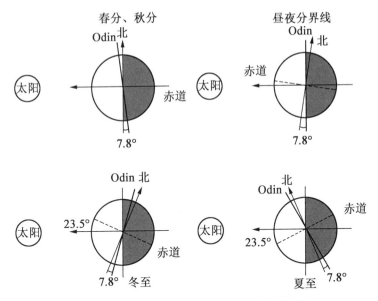

图 1.4 瑞典气象卫星 Odin 在不同时间的位置

根据需求可以选择不同倾角的轨道,发射场的纬度是决定轨道倾角的初始因素。运载火箭可以把它所能承受的最大载荷送入与发射场纬度相同倾角的轨道上。表 1.4 给出了全球主要发射场纬度。

表 1.4 全球主要发射场纬度

发射场	纬度	发射场	纬度
澳大利亚		日本	
Woomera	南纬 31°07′	鹿儿岛	北纬 31°14′
中国		大阪	北纬 30°24′
太原	北纬 37°46′	印度	
西昌	北纬 28°06′	Thumba	北纬 08°35′
俄罗斯		以色列	
Plesetsk	北纬 62°48′	Yavne	北纬 31°31′
Kapustin Yar	北纬 48°24′	美国	
欧洲		Eastern range	北纬 28°30′
Kourou	北纬 05°32′	Wallops	北纬 37°51′
San Marco	北纬 02°56′	Western range	北纬 34°36′

1.4 太阳的影响

太阳是太阳系中质量最大的物体,它的直径大约是 1 392 000 km,相当于地球直径的 109 倍,体积大约是地球的 130 万倍,质量大约是地球的 33 万倍。地球上每一种能量的转换过程最终都可以归结为太阳光的辐照能量。太阳到地球的距离定义为 1 个天文单位（1 AU＝1.5×10⁸ km）。平均来讲，在 1 AU 处，即大气上界的太阳辐照能量为(1 371±5)W/m²，称为太阳常数。太阳能量分布随地球绕太阳轨道距离的变化而变化，近地点约为 1 423 W/m²，远地点约为 1 321 W/m²。太阳的主要成分是氢（H），现约占总质量的 3/4，其余大部分是氦（He）。太阳通过核聚变释放光和热。核聚变的过程是把 4 个氢核（质子）转变成带 2 个质子和 2 个中子的氦核，其中中子的质量要小于质子的质量，质量差转变为能量释放，核聚变的反应过程为

$$
\left.
\begin{aligned}
{}^1_1H + {}^1_1H &\longrightarrow {}^2_1H \\
{}^2_1H + {}^1_1H &\longrightarrow {}^3_2He \\
{}^3_2He + {}^3_2He &\longrightarrow {}^4_2He + 2{}^1_1H
\end{aligned}
\right\} \quad {}^2_1H + {}^2_1H \longrightarrow {}^4_2He
\tag{1.2}
$$

太阳由日核、辐射区、对流区、光球层、色球层和日冕层组成，太阳组成示意图如图 1.5 所示。光球层之下称为太阳内部，光球层之上称为太阳大气。到达地球的太阳能主要来自太阳最外层的日冕。尽管太阳内部相当炽热，约 15×10⁶ K，而其外层的温度相对较低，太阳能输出光谱与 5 760 K 的黑体辐射相似。太阳光谱和电磁波频谱如图 1.6、图 1.7 所示。

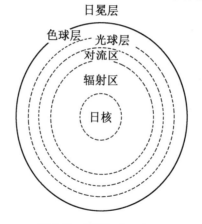

图 1.5　太阳组成示意图

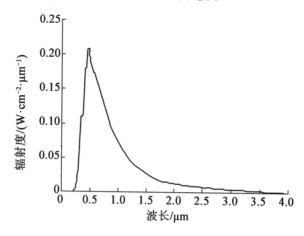

图 1.6　太阳光谱

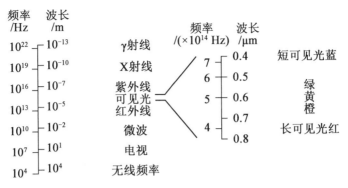

图 1.7 电磁波频谱

太阳表面现象有光球层的米粒组织、超米粒组织、黑子、针状体和光斑,色球层的耀斑和谱斑,日冕层的日珥、冠状结构和质量抛射。黑子集中发生在光球层上磁感应强度强的区域,它具有强磁场,磁通密度为太阳平均磁通密度的 1 000 倍以上。黑子温度明显低于周围区域温度,在光球层上呈现暗色。根据几百年的记录,太阳的能量输出不是一成不变的,而是以 11 年为一个周期发生细微的变化。这种变化可以通过观察太阳黑子数量的变化规律看出来,太阳黑子变化周期如图 1.8 所示。

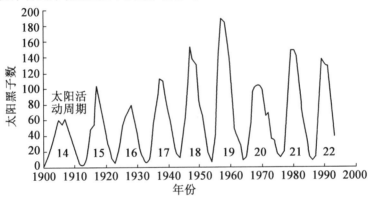

图 1.8 太阳黑子变化周期

近年来,人们一直密切监测太阳输出整体能量的变化。从一个太阳活动周期到下一个太阳活动周期,太阳输出的能量变化不大,不到 0.1%,然而在某些条件下,能量输出变化相当明显。每一个太阳活动周期中,不同时期输出的紫外线会发生变化,因此通过在空间对太阳紫外线光谱或微波进行监测,也可以了解太阳周期的变化。地球大气层吸收的能量随太阳输出的改变,大气也会随之变化。气体受热时会膨胀,体积变大,因此中性大气层的密度和温度就会随着太阳活动周期的变化而发生相应的改变,这种改变又会影响高度较低的等离子体区的密度。太阳输出的能量可以相差 10 倍或者更高。常用 10.7 cm 波长的太阳通量即 F10.7 来表征太阳能量输出的变化,F10.7 的单位为 sfu($1\ \text{sfu} = 10^{-22}\ \text{W} \cdot \text{m}^{-2} \cdot \text{Hz}^{-1}$,一般可省略)。各个太阳活动周期都是连续排列的,第一个太阳活动周期是从 18 世纪 50 年代开始观测的。把太阳活动弱的年份,如 1997 年,称为太阳活动低年;而把太阳活动强的年份,如 2002 年,称为太阳活动高年。一旦太阳活动周期开始,在对以前太阳活动周期线性回归分析的基础上,可以预测该周期每个月 F10.7 的平均值,图 1.9 所示为第 22 个太阳活动周期的 F10.7。图中实线为 1987~1994 年的观测值,虚线表示由历史数据计算得到的 1994~1998 年的预测值。由于以前的观测存在许多不确定因素,因此,对未来太阳活动周期的预测不可能像统计意义上那样准确。

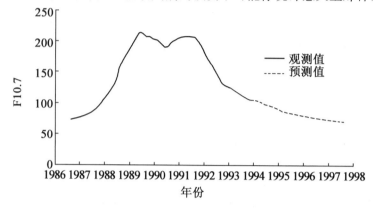

图 1.9　第 22 个太阳活动周期的 F10.7

除了产生电磁辐射,太阳自身的一系列反应过程也会产生少量的微粒子辐射,称为太阳风。太阳风主要是由质子构成,在一个天文单位中,质子的直线速度为 375 km/s,磁感应强度大约为 5 nT(1 nT = 10^{-9} T)。太阳磁场朝太阳本体外更远处延伸,磁化的太阳风等离子体携带着太阳的磁场进入太空,形成行星际磁场。由于等离子体只能沿着磁场线移动,因此离开太阳的行星际磁场起初是沿着径向伸展的。因为在太阳赤道上方和下方离开太阳的磁场具有不同的极性,所以在太阳的赤道平面存在着一层薄薄的电流层,称为太阳圈电流片。人们观测到,太阳在其赤道上的自转周期为 25 天,纬度增高时,其旋转周期也会延长几天。太阳的自转使得远距离的磁场和电流片旋转,旋转的结果使得太阳风粒子运行的轨迹形成与旋转喷头流出的水流轨迹相似的阿基米德螺旋结构,称为派克螺旋,太阳风粒子运行的轨迹如图 1.10 所示。

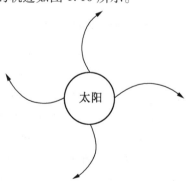

图 1.10　太阳风粒子运行的轨迹

由于辐射爆发,太阳风偶尔也会增大,这种辐射爆发与太阳耀斑有关。太阳耀斑是光球层区域的剧烈爆发现象,是短时间内能量的释放过程,可能持续几分钟至几小时。耀斑的主要特征是电磁辐射急剧增大,在很强耀斑期间,紫外线和 X 射线辐射可增强

100 倍。太阳耀斑既可以以可见光形式发生,也可以以 X 射线形式发生,人们重点关注的是 X 射线的耀斑对航天器的影响。太阳耀斑形成时,无线电辐射的爆发可能会暂时中断地面与航天器之间的通信联系,或者使通信质量降低。对于长时间在空间中运行的航天器而言,设计人员更加关注太阳耀斑出现时生成的高能粒子流,特别是质子流对航天器的影响。日冕质量喷发的粒子流虽然不是总出现,但经常与日珥爆发及耀斑生成有着密切的关系。日珥是太阳色球层喷出的类似火焰状的等离子体。日冕质量喷发会产生大量的太阳质子,这些太阳质子是影响航天器总辐射量的重要因素。

太阳磁场主导区和地球磁场主导区之间的区域范围称为磁层顶,如图 1.11 所示。太阳出现不同现象会引起太阳磁场波动,使磁层顶移动。正常情况下,在面向太阳的方向,磁层顶约为地球半径的 10 倍,偶尔它会进入地球同步轨道以内。磁场波动或磁暴通常很小,为 nT 级。但如果是高能量磁暴,带电粒子可能会撞击地球同步轨道上的航天器,使航天器承受的辐射剂量增加,导致航天器表面充电,电位显著增加。在地球表面,也可能受到这种影响。1989 年 3 月 13 日,加拿大魁北克遭遇了长达 9 h 的停电,其原因就是磁暴产生的感应电流使电力设备出现了故障。

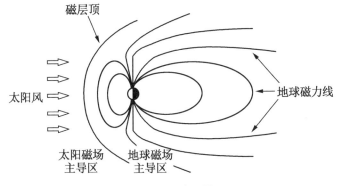

图 1.11　磁层顶

由于太阳磁场和地球磁场之间的相互作用,因此较高轨道的磁感应强度也会随着 11 年太阳活动周期的发展而出现一些相应的变化。

地球磁场可以看作位于地心的一个南北指向的磁棒产生的磁场,也称为地球偶极磁场,磁矩 $M_p \approx 7.9 \times 10^{15}$ T·m³,磁轴与地轴不一致。磁场北极在格陵兰的图勒附近,大约在地球北极以南 11.5°,位于北纬 78.3°,西经 69°。磁场南极位于南纬 78.3°,东经 −111°,在南极洲的沃斯托克站(Vostok Station,Antarctica)附近。地球空间磁场是一个矢量场,确定空间任一点 p 的磁场所需的 3 个独立分量称为地磁要素。地磁场描述通常采用地理坐标系和地磁坐标系,如图 1.12 所示。地磁坐标系也是以地心为原点,地磁经度是从经过地理极点和地磁极点的大圆为起点测量的。

LEO 高度范围的地球内源场是除重力场外目前认识最精确的近地环境,它可以用倾斜放置的磁矩 $M_p = 7.9 \times 10^{15}$ T·m³ 的磁偶极子的磁场来建模。由磁矩在空间点 (r, θ, ϕ) 产生的磁感应强度为

$$B_i = \frac{M}{r^3}(3\cos^2\theta + 1)^{1/2} \tag{1.3}$$

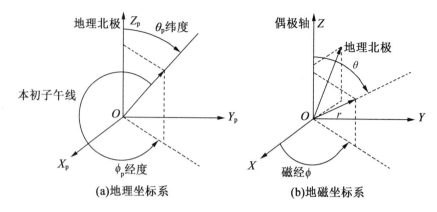

图 1.12　地理坐标系和地磁坐标系

磁感应强度的分量分别为

$$B_r = -\frac{2M}{r^3}\cos\theta, \quad B_\theta = -\frac{M}{r^3}\sin\theta, \quad B_\phi = 0 \tag{1.4}$$

计算结果表明,在地球表面赤道附近的总磁感应强度有最小值约为 30 mT,在两极点有最大值约为 60 mT。在没有电磁场的情况下,带电粒子将被束缚在磁力线附近旋转。因此,带电粒子只能沿着磁力线方向运动。任何一点磁力线的斜率为

$$\frac{B_\theta}{B_r} = \frac{r\partial\theta}{\partial r} = \frac{1}{2}\tan\theta \tag{1.5}$$

积分式(1.5)得到

$$r = LR_E\sin^2\theta \tag{1.6}$$

式中,R_E 为地球半径;L 为积分常数。

偶极子场中带电粒子沿着磁力线 L 运动。因此,在研究包括地球磁场在内的各种场时,采用 B-L 坐标系,磁力线和磁感应强度如图 1.13 所示。

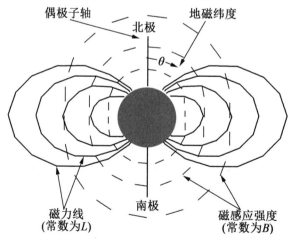

图 1.13　磁力线和磁感应强度

思　考　题

1.已知万有引力公式

$$F=\frac{GM_\mathrm{E}m_\mathrm{s}}{(R_\mathrm{E}+h_\mathrm{e})^2}$$

式中, G 为万有引力常数; M_E 为地球质量; m_s 为航天器质量; R_E 为地球半径; h_e 为航天器的轨道高度。

加速度、速度及物体做圆周运动的半径之间存在如下关系:

$$a=\frac{v^2}{R_\mathrm{E}+h_\mathrm{e}}$$

请推导出轨道速度和轨道周期与轨道高度之间的函数关系。

第2章　中性粒子环境

随着高度的增加,地球大气越来越稀薄,气压也越来越低。尽管低地球轨道上的中性气体十分稀薄,根本无法维持人类的生命活动,但它却足以对轨道上以约 8 km/s 速度飞行的航天器造成重大影响。中性大气是低轨道航天器遇到的特有的环境。本章针对地球中性大气环境的特点,重点介绍气动阻力、物理溅射、原子氧剥蚀、航天器辉光等中性环境效应,以及其中涉及的物理化学机制等内容。

2.1　大气物理基础

2.1.1　大气层组成

地球大气的质量约为 5.13×10^{18} kg,90% 以上集中在 15 km 高度以内,99.9% 在 50 km 高度以内。地球大气主要由 C、N、O 元素组成,从海平面到海拔 80 km 的高空,各种气体的比例基本恒定,平均分子量为 28.96。在 20 km 高度以下,大气主要是氧分子、氮分子;在 20~50 km 高度,主要是臭氧;在 80~120 km 高度,部分氧分子开始离解为氧原子;在 120~300 km 高度,主要是氧原子、氧分子、氮分子;在 600~700 km 高度以上,是氦原子。大气压力的变化与纬度、季节、太阳活动的情况有关。大气密度随海拔高度的增加而降低。

大气层自海平面向上依次分为对流层、平流层、中间层、热层、外大气层,大气层分布如图 2.1 所示。对流层始于地球表面,延伸至 8~14 km 高度,在赤道延伸至 16~18 km 高度,是大气最稠密的一层。层内组分近似一致,即 78% 的氮气、21% 的氧气、1% 的氩气和其他成分。随着高度的增加,温度以 6.5 K/km 的速率从 293 K 递减至 223 K。在对流层的某些区域,温度会随高度的增加而升高,这称为温度逆增,它可以限制或防止混合,但可能会导致空气污染。对流层顶的压强大约为 0.1 atm(1 atm = 101 325 Pa)。几乎所有的天气现象都发生在对流层中。从对流层顶向上至 50 km 高度左右的大气层称为平流层。与对流层相比,平流层的大气比较干燥,并且密度较小。20 km 高度以下温度一般保持在 217 K。由于吸收了紫外线辐射,尤其是在高度为 20~30 km 的臭氧层所吸收的紫外线辐射,因此平流层的温度从 223 K 逐渐增加到 270 K。由于温度随高度的增加而升高,因此平流层具有稳定的动力学特性,平流层中很少有热传导和湍流。大部分的飞机由于受到舱内压强的限制,只能在 10~12 km 高度飞行。从平流层顶向上至 80~90 km 高度的大气层称为中间层。因为该层臭氧含量(本书含量均指质量分数)极少,不能大量吸收太阳紫外线,而氮、氧能吸收的短波辐射又大部分被上层大气所吸收,故气温随高度的增加而递减。中间层向上一直延伸到 80~85 km 的高度,这里的大气温度最低,约为 180 K。

中间层的气体由于吸收了来自太阳的能量而处于一种激发状态。大部分的流星体在中间层中烧毁。由于中间层所处的高度超出了气球可以到达的极限高度,而且又低于航天器的最低的近地点高度,因而这一区域几乎无人问津。从中间层顶向上延伸至 400～600 km 高度的大气层称为热层。在此层中,化学反应的速度比地球上的化学反应速度要快。各类化学反应迅速地破坏着臭氧层,分子氧很快被分解成了氧原子。热层的化学组分使该层成为大气层中吸收作用最强的一层,吸收太阳紫外线后,热层温度相应升高至700～1 800 K。热层中大气非常稀薄,因此太阳活动的微小改变都会引起温度的巨大变化。极光现象发生在热层。热层的上面是外大气层,该层内气态粒子更为稀薄,碰撞概率很低,粒子沿弹道状轨迹运动时,只受重力影响。由于地球重力的作用,质量较大的分子更靠近地球表面,而在较高的空间,化学反应和太阳紫外线的作用会使分子间的化学键断裂。因此,大气的化学成分会随着高度的变化而改变。氮气是对流层和平流层最主要的成分,而在 175 km 的高空,原子氧则是最主要成分。在大约 650 km 高度的高空,原子氧让位给氦气,而在大约 2 500 km 高度的高空,氢气又取代了氦气成为大气层的主要成分。大约在 10 000 km 高度,地球大气层中的气体逃逸到星际空间中去。

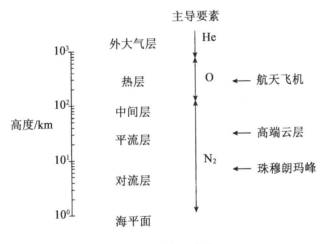

图 2.1　大气层分布

在低地球轨道,中性大气层是人们最关注的环境因素。根据 1960 年第 53 届巴塞罗那国际航空联合大会决议,地球表面 100 km 高度以上的空域为航天空间,是国际公共领域,100 km 高度以下为航空空间领域。美国在 1959 年曾发射了一颗卫星,距地球最低点为 112 km,这颗卫星虽然发射成功,但是由于轨道高度太低,气动阻力作用使得卫星在围绕地球转了一圈后很快就坠落到地球上了。航天器在 110 km 高度以下很难形成应用轨道,能形成可以应用的轨道高度在 170 km 以上,返回式航天器在返回 110 km 高度时,可以按再入大气层考虑,1 000 km 高度以上可以不考虑大气阻力。

已知空间大气密度、气压等条件,可以由气体状态方程估算出空间环境的温度。理想气体方程为

$$pV = nRT = \frac{m}{M_A}RT \tag{2.1}$$

式中,m 为气体的质量;M_A 为气体的摩尔质量;n 为摩尔数;p、V、T 分别为压强、体积和温度;R 为气体常数,$R=8.31$ J/(mol·K)。

理想气体方程也可以写成数量密度的形式,即

$$p=Nk_B T, \quad N=nN_A/V \tag{2.2}$$

式中,N 为数量密度;k_B 为玻耳兹曼常数,$k_B=R/N_A=1.38\times10^{-23}$ J/K;N_A 为阿伏伽德罗常数。

若已知地面气压 $p_0=101\,325$ Pa,气体密度 $\rho_0=1.225$ kg/m^3,大气平均分子量 $M_{A0}=0.029$ kg/mol,500 km 高空气压、密度、平均分子量分别为 $p_{500}\approx10^{-11}p_0$,$\rho_{500}=10^{-12}\rho_0$,$M_{A500}=0.016$ kg/mol,则地面温度为

$$T_0=\frac{p_0 M_{A0}}{\rho_0}=\frac{101\,325\times0.029}{1.225\times8.31}=288(\text{K}) \tag{2.3}$$

由此估计 500 km 高空大气温度 $T_{500}\approx1\,600$ K。尽管空间环境大气温度在 1 000 K 的量级上,但由于大气十分稀薄,航天器在空间单位时间内所碰撞到的气体分子数目寥寥无几,远远不足以对航天器构成加热,使之保持很高的热平衡温度,因此空间环境温度与航天器表面平衡温度并不一致。

2.1.2　气体分子碰撞动力学

通常流动特征尺度至少要有 1 cm,而气体的物理或动力学性质在 10^{-3} cm 的范围内变化会很小,这一线性大小构成的体积 10^{-9} cm^3 在标准状态下包含了大约 3×10^{10} 个分子,这使得气体的平均性质没有什么涨落起伏,而表现出连续和光滑的特性。但当气体密度变得十分低,使得分子的平均自由程与流动的特征尺度相比不为小量时,气体的间断分子效应就变得显著,通常的气体动力学方法不再适用。气体的稀薄程度通常用克努森数 Kn 表征,它等于分子平均自由程(λ_a)与流场特征长度(L_c)的比值,即

$$Kn=\frac{\lambda_a}{L_c} \tag{2.4}$$

分子平均自由程是一个分子在相邻两次碰撞之间的平均距离。假设分子为刚性球,分子碰撞示意图如图 2.2 所示,一个分子在单位时间内与其他分子碰撞的平均次数为分子的平均碰撞频率,用 $\bar{Z}_p$ 表示,即

$$\bar{Z}_p=\frac{N\pi d^2 \bar{u}\Delta t}{\Delta t}=\pi d^2 N\bar{u} \tag{2.5}$$

式中,$\bar{u}$ 为相对平均速率;N 为分子数密度;d 为分子有效直径。

考虑到大量分子在各方向的运动概率相同,有 $\bar{u}=\sqrt{2}\bar{v}$,$\bar{v}$ 为分子平均速率。利用气体状态方程的数量密度关系可得分子的平均自由程,即

$$\lambda_a=\frac{k_B T}{\sqrt{2}\pi d^2 p} \tag{2.6}$$

因此,分子的平均自由程与分子有效直径 d、气体压强 p 和温度 T 有关。在海平面,气体分子平均自由程约为 0.07 μm,在 70 km 高空约为 1 mm,在 85 km 高空则约为 1 cm。

这时,稀薄效应变得重要起来,现代稀薄气体动力学正是从高空飞行物体的受力受热研究开始的。

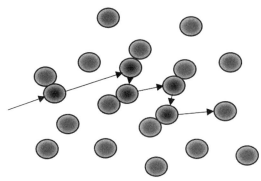

图 2.2　分子碰撞示意图

根据分子运动论,气体的黏性系数 μ 与密度 ρ_a、热运动平均速度 $\bar{v}$ 和平均自由程 λ_a 的关系为

$$\mu = \frac{1}{2}\rho_a \bar{v}\lambda_a \tag{2.7}$$

由声速 $v_a = \sqrt{\pi\gamma/8}\,\bar{v}$、马赫数 $Ma = U_c/v_a$ 和雷诺数 $Re = \rho_a U_c L_c/\mu$,U_c 为流场的特征速度,钱学森得到

$$Kn = \frac{\lambda_a}{L_c} = 1.26\sqrt{\gamma}Ma/Re \tag{2.8}$$

式中,γ 为比热容比。

钱学森在 1946 年发表了关于稀薄气体流动的第一篇论文,题目是《超级空气动力学,稀薄气体力学》。这是国际上公认的稀薄气体动力学的开创性工作。在这篇论文中,钱学森将稀薄气体流动划分为 3 个区域,即滑流区、过渡流区和自由分子流区,划分的依据是 Kn 数。滑流区对应 $0.01 < Kn < 0.1$,气体流动与连续介质的差别主要表现在边界附近,即所谓的速度滑移和温度跳跃现象;在自由分子流区,$Kn > 10$,分子之间的碰撞机会很少,从物体表面反射的分子流几乎不受来流影响,近似服从平衡麦克斯韦分布,这类问题容易处理,只要了解分子在物面是如何反射的,就可得到问题的解;在过渡流区,$0.1 < Kn < 10$,分子之间的碰撞与分子和物面的碰撞同等重要,要借助气体分子动力学的方法求解,这是稀薄气体动力学中最困难的问题。

大气层密度随海拔高度的增加而不断减小,当航天器达到地球海拔高度 300 km 时,环境气体分子平均自由程大约为 900 m。若航天器特征长度为 20 m,则 $Kn = 45 \gg 0.01$,此时气体分子的离散结构显现出来,并影响流动的规律,这时连续介质假设和 Navier-Stokes 方程不再适用,而需要采取自由分子流动(稀薄气体)理论来研究。

考虑 N 个质量同为 m 的气体分子体系,把它们放入温度为 T、体积为 V 的密闭容器中。假定容器体积与气体分子体积相比足够大,气体分子以恒定速度沿直线运动。如果分子具有相同的速度分布,则单位体积中含有分子数可表示为 $dN = ndV$,n 为容器中气体分子的数量密度。如果一分子以速度 v、角度 θ 撞击某一表面,并发生弹性散射,粒子撞

击示意图如图 2.3 所示,则分子动量的改变为

$$\Delta p = mv\cos\theta - (-mv\cos\theta) = 2mv\cos\theta$$

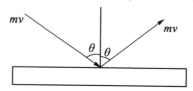

图 2.3 粒子撞击示意图

每一次分子撞击的结果都会把分子的动量传递到容器壁上。在时间 t 内,将有动量 $\mathrm{d}p$ 传递到面积 $\mathrm{d}A$ 上。作用在面积 $\mathrm{d}A$ 上的作用力 $\mathrm{d}F = \mathrm{d}p/\mathrm{d}t$ 就是容器壁所承受的压力。

考虑在空间角度 $\theta \sim \theta + \mathrm{d}\theta$、$\phi \sim \phi + \mathrm{d}\phi$ 和速度 $v \sim v + \mathrm{d}v$ 范围内的分子,且假设有一长度 $v\mathrm{d}t$ 的圆柱体,底面积为 $\mathrm{d}A$,倾角为 θ,单元体几何示意图如图 2.4 所示,则所有符合上述条件的分子将在 $\mathrm{d}t$ 时间里撞击微元 $\mathrm{d}A$。柱体里的分子总数 $\mathrm{d}N = n\mathrm{d}V = nv\cos\theta\mathrm{d}t\mathrm{d}A$。用 $\mathrm{d}n/\mathrm{d}v$ 来表示速度在 $v \sim v + \mathrm{d}v$ 之间的分子数,则以速度 v 运动的分子数为

$$N_v = \frac{\mathrm{d}n}{\mathrm{d}v}v\cos\theta\mathrm{d}t\mathrm{d}A \tag{2.9}$$

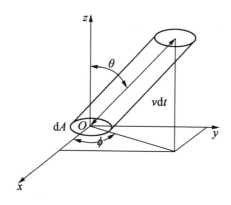

图 2.4 单元体几何示意图

以一定速度在立体角内运动的分子数为

$$N_\phi = \frac{\mathrm{d}n}{\mathrm{d}v}v\cos\theta\mathrm{d}t\mathrm{d}A\frac{\mathrm{d}\omega}{4\pi} \tag{2.10}$$

式中,$\mathrm{d}\omega = \sin\theta\mathrm{d}\theta\mathrm{d}\phi$;$\mathrm{d}\omega/4\pi$ 表示撞击到面积元上速度为 v 的分子在整个空间所占比例。

在整个空间,单位时间撞击到单位面积上的分子引起的动量变化为

$$\frac{\mathrm{d}p}{\mathrm{d}t\mathrm{d}A} = \int_0^{2\pi}\int_0^{\frac{\pi}{2}}(2mv\cos\theta)\left(\frac{\mathrm{d}n}{\mathrm{d}v}v\cos\theta \cdot \frac{1}{4\pi}\right)\sin\theta\mathrm{d}\theta\mathrm{d}\phi = \frac{1}{3}mv^2\frac{\mathrm{d}n}{\mathrm{d}v} \tag{2.11}$$

对所有分子进行积分,得到施加在容器壁上的总压力为

$$p = \frac{\mathrm{d}F}{\mathrm{d}A} = \frac{\mathrm{d}p}{\mathrm{d}t\mathrm{d}A} = \frac{1}{3}m\int_0^n v^2\frac{\mathrm{d}n}{\mathrm{d}v}\mathrm{d}v \tag{2.12}$$

定义速度的均方值为

$$\overline{v^2} = \frac{1}{n}\int_0^n v^2 \frac{\mathrm{d}n}{\mathrm{d}v}\mathrm{d}v \tag{2.13}$$

由此得到

$$p = \frac{1}{3}mn\overline{v^2} \tag{2.14}$$

利用气体状态方程的数量密度关系,并设 $nv=N$,则气体分子动能可表示为温度 T 的函数:

$$\frac{1}{2}m\overline{v^2} = \frac{3}{2}k_{\mathrm{B}}T \tag{2.15}$$

式(2.15)表明,利用温度可以表征大气分子的热运动动能,亦可用于计算大气分子的热运动速度。另外,也可以通过平均动能定义温度,即 $k_{\mathrm{B}}T = \frac{2}{3}W$,其中 W 为平均动能。这样定义的温度称为动力学温度。

以上的讨论是假定分子具有相同的速度分布。实际情况也确实如此,每立方米的体积中,速度在 $v_i \sim v_i+\mathrm{d}v_i$ 之间的粒子数可以表示为

$$\frac{\mathrm{d}n}{\mathrm{d}v_i} = n\left(\frac{m}{2\pi k_{\mathrm{B}}T}\right)^{\frac{1}{2}}\exp\left(-\frac{mv_i^2}{2k_{\mathrm{B}}T}\right) \tag{2.16}$$

式中,i 表示三维笛卡儿坐标系中的方向 x、y、z。

考虑气体分子沿各个方向随机运动,分子之间发生完全弹性碰撞,粒子的速度为

$$v = \left(v_x^2+v_y^2+v_z^2\right)^{\frac{1}{2}} \tag{2.17}$$

由此得到

$$\frac{\mathrm{d}n}{\mathrm{d}v} = 4\pi n\left(\frac{m}{2\pi k_{\mathrm{B}}T}\right)^{\frac{3}{2}}v^2\exp\left(-\frac{mv^2}{2k_{\mathrm{B}}T}\right) \tag{2.18}$$

进一步得到粒子速度在 $v\sim v+\mathrm{d}v$ 之间的分布概率为

$$f(v)\mathrm{d}v = \frac{1}{n}\frac{\mathrm{d}n}{\mathrm{d}v}\mathrm{d}v = 4\pi\left(\frac{m}{2\pi k_{\mathrm{B}}T}\right)^{\frac{3}{2}}v^2\exp\left(-\frac{mv^2}{2k_{\mathrm{B}}T}\right)\mathrm{d}v \tag{2.19}$$

式(2.19)即为著名的麦克斯韦-玻耳兹曼速度分布函数。概率密度函数 $f(v)$ 对速度的全部值积分一定等于 1,即 $\int_0^\infty f(v)\mathrm{d}v = 1$。粒子的平均速度 $\overline{v}$ 和均方根速度 v_{rms} 分别为

$$\overline{v} = \int_0^\infty vf(v)\mathrm{d}v = \left(\frac{8k_{\mathrm{B}}T}{\pi m}\right)^{\frac{1}{2}} \tag{2.20}$$

$$v_{\mathrm{rms}} = \left[\int_0^\infty v^2 f(v)\mathrm{d}v\right]^{\frac{1}{2}} = \left(\frac{3k_{\mathrm{B}}T}{m}\right)^{\frac{1}{2}} \tag{2.21}$$

从图 2.5 所示的速度分布曲线可以看到,在 $v/\overline{v}>1$ 的范围内,曲线占据很大部分,即有很大一部分分子的速度明显大于平均热运动速度。

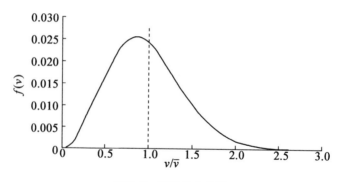

图 2.5　速度分布曲线

2.1.3　流体静力学平衡

对于一个充满气体的微元体,微元体的截面积和高分别为 $\mathrm{d}A$、$\mathrm{d}h$,如图 2.6 所示受垂直表面的压力和重力的作用,压强为 p,密度为 ρ_a。

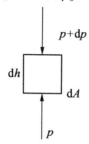

图 2.6　处于平衡的微元体

假定存在流体静力学平衡,则有

$$(p+\mathrm{d}p)\,\mathrm{d}A+\rho_\mathrm{a}g\mathrm{d}A\mathrm{d}h=p\mathrm{d}A \tag{2.22}$$

化简得到

$$\mathrm{d}p=-\rho_\mathrm{a}g\mathrm{d}h$$

将理想气体状态方程表示为

$$\rho_\mathrm{a}=\frac{pM_\mathrm{A}}{RT} \tag{2.23}$$

式中,M_A 为气体摩尔质量。

由此得到

$$\mathrm{d}p=-p\,\frac{M_\mathrm{A}g}{RT}\mathrm{d}h \tag{2.24}$$

对高度 $0\sim h$、压力 $p_0\sim p$ 积分式(2.24)可得

$$p=p_0\exp\left(-\frac{h}{H}\right) \tag{2.25}$$

式中,H 为标高,$H=\dfrac{RT}{M_\mathrm{A}}$。

　　因此,大气压力的变化随着高度的增加以指数形式迅速递减。从地球表面到 80~100 km 高度附近,大气组成变化很小,$M_A \approx 0.029$ kg/mol。图 2.7 给出了高度低于 100 km 的大气压力。事实上,大气标高也不是一成不变的,同样会随着高度的变化而变化。假设随着高度的变化,除温度外都为常值,则有

$$\frac{dH}{dh} = \frac{R}{M_A}\frac{dT}{dh} \tag{2.26}$$

由标高定义式得到

$$\frac{dH}{dh} = \frac{H}{T}\frac{dT}{dh} \tag{2.27}$$

　　对流层的温度变化率为 $dT/dh = -6.5$ K/km,在地球表面,$T = 298.15$ K,标高 $H = 8.72$ km,于是有

$$\frac{dH}{dh} = \frac{H}{T}\frac{dT}{dh} = -\frac{8.72 \times 6.5}{298.15} = -0.19 \tag{2.28}$$

　　因此,在高度 5 km 处,标高 $H' = H + h\dfrac{dH}{dh} = 8.72 - 5 \times 0.19 = 7.77$(km)。类似地,在高度 10 km 处,标高 $8.72 - 10 \times 0.19 = 6.82$(km)。

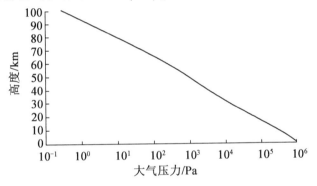

图 2.7　高度低于 100 km 的大气压力

　　由于大气中所有的成分都处于热平衡状态,因此质量小的分子将具有较高的速度。密度与高度有很强的依赖关系,LEO 的中性气体组元的分布如图 2.8 所示。同样,由于大气层不同区域里的气体的化学成分和温度各有差异,所以各种气态分子的密度与高度有很强的依赖关系。

　　需要注意伴随着 11 年的太阳活动周期出现的太阳能输出的轻微变化对大气层产生的影响。在太阳活动周期高峰时,地球大气会吸收更多的热量,使大气向外层扩张,同时密度增大。图 2.9、图 2.10 所示为大气密度和温度与太阳活动周期之间的关系。从图中可以看到,太阳活动高年对应较大的平均值偏离。并非全部航天飞行都是在平均太阳活动条件下进行的,或者飞行任务的周期很长,很可能遭遇太阳的剧烈活动,那么为了正确预测航天器运行寿命期间大气活动的规律,就需要考虑太阳活动周期对大气的影响。

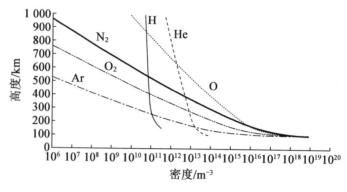

图 2.8　LEO 的中性气体组元的分布

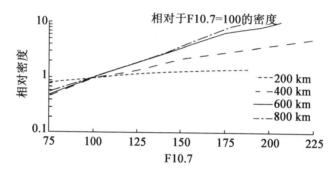

图 2.9　大气密度与太阳活动周期之间的关系

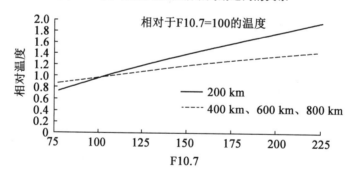

图 2.10　大气温度与太阳活动周期之间的关系

　　实际上,通常人们获得大气的相关性质不是通过纯粹的理论推导,而是根据需要采用已有的大气模型中的一种或多种而得的,这种方法更简单、更可靠。美国国家标准指南中的标准大气参考模型列举了 10 种通用的大气模型,同时还根据各个模型所研究现象的不同,列举了各个模型的利弊。美国标准大气 1976 模型是适中的太阳活动情况下稳态大气状态的近似描绘。模型分两部分,分别为高度低于 86 km 的低层大气和高度为 86~1 000 km 的高层大气。低层大气采用分子温度和压强的解析方程描述,而高层大气则需要通过数值积分来确定主要气体成分(N_2、O、O_2、Ar、He 和 H)的数量密度、密度和压强,高度分辨率为 0.05~5 km。美国标准大气 1976 模型是在平均太阳活动状况基础上用日平均数值建立的,因此未考虑昼夜交替、季节变换或纬度变化引起的大气波动。如果需要考虑这些因素的话,可以选用质谱仪非相干散色(Mass Spectrometer Incoherent Scatter,MSIS)模型。美国海军研究实验室根据卫星及有效高度达 1 000 km 的火箭测得的数据建立了若干中性大气的经验模型。质谱仪非相干散色模型包括 MSIS-86、MSISE-90 和 NRLMSISE-00 等版本,用低阶表面球谐形式描述大气参数变化。MSIS-86 是基于众多火箭与航天器(如在轨物理轨道观测台 OGO 6、AEROS-A、大气探索者 C、大气探索者 D、大气探索者 E、欧洲空间研究组织 ESRO4 号和动力探索者 DE2 号)观测到的数据,以及地面非相干散射雷达数据,如米尔斯通山、圣撒丁、阿雷西沃、牙买加和莫尔文观测站观测到的数据。模型的输入信息包括年、月、日、世界时、高度、地理纬度和经度、太阳 F10.7 变化(对选定日期前的 3 个月数据取平均值)和磁场指数(当日或前 59 个小时的指数)。模型的输出信息包括特定高度的中性温度、外层大气温度,以及 He、O、N_2、O_2、Ar、H 和 N 的密度和大气的总密度等。MSISE-90 在早期的 MSIS-86 模型的基础上有所改进,增加了包括来自探空火箭、航天飞机和非相干散射观测结果,并增加了在 Jacchia 模型中使用过的数据及从未在 MSIS-86 模型中使用过的一些数据。大气密度是计算气动阻力的重要参数,图 2.11 给出 MSISE-90 计算的不同高度大气密度,其中太阳活动低年、平均状态、平均高年、极高年对应的 F10.7 分别为 70、140、200 和 380,地磁指数 AP 分别为 0 nT、15 nT、20 nT 和 300 nT。NRLMSISE-00 对 MSISE-90 模型做了进一步的改进,包含了附加的阻力数据及来自航天器加速度计上的数据,考虑了氧离子和位于 500 km 高度以上的热氧(高能氧),增加了太阳高年任务卫星得到的双原子氧的紫外线数据,并且增加了可用于计算太阳活动的附加非线性项。Jacchia 模型主要是基于 1961 年、1964 年和 1979 年发表的由卫星测得的阻力参数建立的,可提供 90~2 500 km 高度环境的主要气体成分(N_2、O、O_2、Ar、He 和 H)的大气温度、平均分子量、密度和数量密度,以及季节、纬度、当地时间、太阳通量和地磁指数等的变化关系。登录 NASA 的 COSMIC 软件库可以得到各种大气模型。

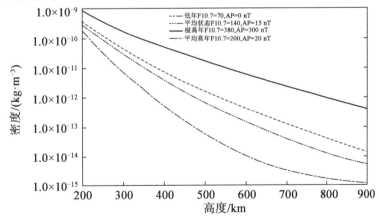

图 2.11   大气密度与高度的关系

2.2　临近空间的环境

临近空间指距地面 20~100 km 的空域,是航空与航天的空间结合部,也是人类还未大规模开发的空白区域,具有非常重要的战略意义和利用价值。这个区域高于商用飞机的飞行空域,但低于轨道航天器的飞行高度。尽管部分飞机和卫星、飞船在技术上也能够到达临近空间,但要长期停留需要消耗大量燃料。

临近空间包括平流层、中间层和小部分热层区域。平流层下部常称为同温层。随着高度的增加,气温保持不变,约为 190 K 或略有升高;到平流层顶,气温升至 270~290 K,临近空间温度分布如图 2.12 所示。平流层的这种温度分布特征同它受地面影响较小和存在大量臭氧有关。

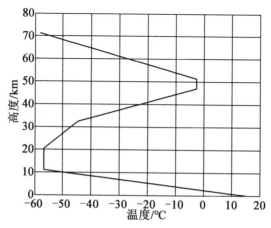

图 2.12　临近空间温度分布

平流层中的大气比较稀薄,水汽和尘埃很少,也没有对流层中的云、雨、雪等天气现象;平流层下部温度随高度的变化很小,上部由于臭氧层的存在,吸收太阳紫外线辐射,因此大气温度升高,这种下冷上热的逆温结构使平流层大气稳定,上下对流很弱。空气大多做水平运动,风向主要为东西风向。在北半球某些时段里,平流层风场中存在一个零风层位置。平流层下部为西风带,随着高度的上升,风速会逐渐减小,到达一定高度后,风速减为零;随着高度的继续增加,风向变为东风。图 2.13 所示为北半球某地风速随高度分布的曲线,图中纬向风正为西风,经向风正为北风,即从西吹向东的纬向风(西风)为正,而从北吹向南的经向风(北风)为正。东西向的纬向风在 22.5 km 高度附近存在零风层,在其上部为东风带,而下部为西风带。

臭氧是波长小于 242 nm 的太阳紫外线与高层大气相互作用的结果,太阳紫外线光解离氧分子产生氧原子,氧原子与氧分子反应生成臭氧。在平流层下部,臭氧浓度随高度的增加而增加,臭氧浓度极大值的高度越低,臭氧极大值越大。臭氧浓度分布随季节和地区而变,如在热带地区,臭氧极大值层所在的高度为 25~27 km,在极地只有 18 km 左右。4 月份的臭氧总量有很强的纬度梯度,而 10 月份其梯度较弱。在 25~30 km 高度范围内,平流层臭氧浓度年变化的振幅在赤道最小,向中高纬度逐渐增加,在此高度范围内,平流层臭氧浓度年变化主要受臭氧输运过程的制约;在 30~35 km 高度范围内,主要受太阳辐射直接作用的影响;在 35 km 高度以上,温度对臭氧光化学反应的影响则非常重要。平流层中,在 25~50 km 高度范围内,臭氧浓度有明显的准两年周期振荡。在平流层高度,紫外线的辐射强度较地面大大增加。临近空间的太阳紫外线辐射非常强烈,特别是 20~30 km 高度,几乎与外太空环境一样。

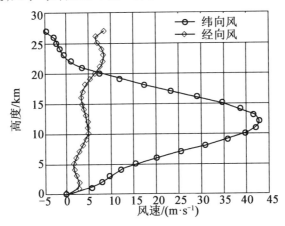

图 2.13　北半球某地风速随高度分布

由于临近空间的特殊环境,平流层飞艇在飞行过程中与热环境发生复杂的热力耦合作用,会产生超冷与超热现象;气球在随风飘飞的过程中,其飞行轨迹主要由风场环境决定;而高空的臭氧与紫外线对于临近空间浮空器的蒙皮和仪器等具有很大的影响。以上都是平流层飞行器设计需要考虑的因素。

2.3　中性环境效应

2.3.1　气动阻力

气动阻力是航天器在中性大气中运动而产生的阻力,是由大气和航天器之间的动量交换而产生的。假定有一束密度为 ρ_a 且粒子间无相互碰撞的中性粒子流,以相对速度 v 向另一物体运动。粒子流以动量 p_i 撞击该物体,以动量 p_r 从物体上反弹回来,如图 2.14 所示,则传递给该物体的动量为

$$\Delta p = p_i + p_r = p_i \left(1 + \frac{p_r}{p_i}\right) = p_i \left[1 + f(\theta) \right] \tag{2.29}$$

式中,θ 为入射角,即速度方向与物体表面外法线的夹角。

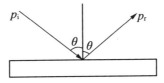

图 2.14　粒子碰撞模型

在时间 Δt 内,撞击到横截面 A 上的粒子总质量为

$$m = \rho_a A v \Delta t \tag{2.30}$$

当面积 $\mathrm{d}A$ 与粒子流夹角为 θ 时,所承受的粒子阻力为

$$\mathrm{d}F = \frac{\Delta p}{\Delta t} = \rho_a v^2 [1 + f(\theta)] \mathrm{d}A \tag{2.31}$$

令 $C_d = 2[1 + f(\theta)]$ 为无量纲的阻力系数,则得到

$$\mathrm{d}F = \frac{1}{2} \rho_a v^2 C_d \mathrm{d}A \tag{2.32}$$

由于单个粒子碰撞的诸多不确定性,因此很难从理论上推算出 $f(\theta)$ 函数。如粒子撞击物体表面时,可能产生弹性散射,也可能在随机弹性散射前,已经在物体表面附着了足够长的时间而达到热平衡,即镜面反射或漫反射。决定某一种相互作用的因素有很多,包括物体表面材料、表面温度和撞击粒子的种类等。大多数的碰撞总会伴有部分漫反射发生,通常需要通过试验来确定阻力系数的大小。图 2.15 所示为部分文献中根据试验得到的阻力系数平均值。另外,利用数值仿真软件进行流体动力学(Computational Fluid Dynamics,CFD)分析也可计算得到阻力系数。

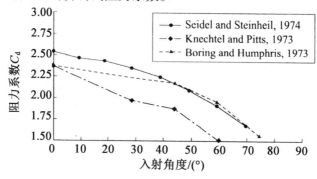

图 2.15　试验测定平板的 C_d 值

它适用于任意几何形状的物体,如平板、锥体、球体等,气动阻力的积分形式如下:

$$F = \frac{1}{2} \rho_a v^2 \oint C_d \mathrm{d}A \tag{2.33}$$

积分可得到著名的阻力方程,即

$$F = \frac{1}{2} \rho_a v^2 C_d A \tag{2.34}$$

式中,C_d 为物体的总阻力系数;A 为垂直于粒子流的物体表面积。

只有当粒子流的入射角足够小时公式才成立,否则物体各表面会形成自我屏蔽现象。对大多数航天器来说,C_d 值一般为 2.20,也有最低值取 1.9,最高值取 2.6。

阻力系数也可用于表征粒子流在撞击物体表面后的适应度。通常用表面反射系数及能量交换系数作为衡量物体表面适应度的参数。由动量 p 定义的切向动量系数 σ_t 和法向动量系数 σ_n 分别定义为

$$\sigma_t = \frac{p_{i,t} - p_{r,t}}{p_{i,t}}, \quad \sigma_n = \frac{p_{i,n} - p_{r,n}}{p_{i,n} - p_{w,n}} \tag{2.35}$$

式中,下标 i 和 r 分别表示入射和反射;下标 w 表示已经和物体表面建立热平衡的粒子。

由热量 E_t 定义的热适应系数为

$$\alpha_t = \frac{E_{ti} - E_{tr}}{E_{ti} - E_{tw}} \tag{2.36}$$

这些系数可以看作是衡量二次散射分子的参数。

除了在与粒子流动方向垂直的平面上会产生阻力外,侧向面上也可能产生阻力,如图 2.16 所示。当航天器对气动扭矩的变化十分敏感,或者是燃料消耗成为决定航天器飞行寿命关键因素的情况下,侧向阻力对于微重力任务就显得十分重要。在 LEO 轨道中,氧原子的热运动速度约为 1 km/s 量级,与航天器约 8 km/s 的轨道速度相比很小,但对于撞击航天器侧面的粒子来说已经足够大了。这些粒子的每一次碰撞都会把动能传递给航天器。

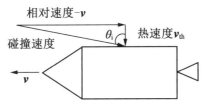

图 2.16　侧面阻力示意图

侧面阻力定义为

$$F_{ls} = \frac{1}{2} \rho_a v^2 C_{d,ls} A_{ls} \tag{2.37}$$

式中,A_{ls} 为侧面表面积;$C_{d,ls}$ 为侧向阻力系数,$C_{d,ls} = [1 + f(\theta_i)] \cot \theta_i$;$\theta_i = \arctan(v/v_{th})$;$v_{th}$ 为分子热运动速度。

总阻力为

$$F = \frac{1}{2} \rho_a v^2 C_D A, \quad C_D = C_d + C_{d,ls} \frac{A_{ls}}{A} \tag{2.38}$$

除非像太阳能电池阵那样有很大的侧表面,否则侧向阻力要远远小于法向阻力。阻力最终会导致航天器轨道衰退,再入大气层,如图 2.17 所示。

假设质量为 m_s 的航天器在轨道高度为 h_e 的空间做匀速圆周运动,地球半径为 r。向心力由万有引力提供,即

$$F_c = \frac{GM_E m_s}{(h_e + r)^2} \tag{2.39}$$

式中,M_E 为地球质量;G 为万有引力常数。

离心力为

$$F_p = m_s \frac{v^2}{h_e + r} \tag{2.40}$$

由匀速圆周运动条件有 $F_c = F_p$,由此得到航天器速度与轨道高度的关系为

$$v^2 = \frac{GM_E}{h_e + r} \tag{2.41}$$

上式表明,在更高的轨道上,航天器匀速运动的速度更低。当航天器受到气动阻力作用时,运动速率将降低,$v'<v$,相应的离心力 F_p 减弱,此时 $F_c>F_p$,显然此时航天器将在万有引力的作用下向地面方向运动,使得轨道高度降低,这种轨道衰退是与匀速圆周运动规律不同的。

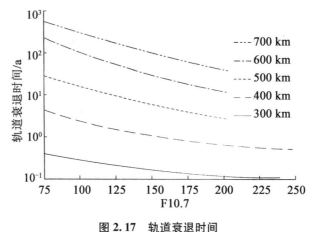

图 2.17　轨道衰退时间

对于低轨道航天器,由于大气阻力的影响,需要定时进行轨道维持,以防轨道的持续性下降。国际空间站平均每天会降低 $100\sim200$ m 的轨道高度。通常在每次货运飞船补给时,通过货运飞船发动机进行轨道维持。普通航天器两侧的太阳电池翼的大气阻力也会引起轨道的缓慢下降。哈勃望远镜曾更换了更小的太阳电池翼以降低大气阻力。降低航天器大气阻力一般采用改变运行方向、减小迎风面的方法,而不采用提高航天器高度或者设计光滑气动表面的方法。

为了克服气动阻力,使航天器维持轨道运行速度,推进系统燃烧燃料形成喷气提供动力,因此航天器携带的燃料量决定了其在轨寿命。通常化学或电推进系统都是以固定速度 v' 排出燃料或工作气体的。推进系统的设计人员通常用比冲(I_{sp})而不用排放速度来衡量推进系统性能。比冲的定义为单位推进剂的量所产生的冲量($F\Delta t$),是衡量火箭或发动机效率的重要物理参数,其大小与发动机的推进剂化学能、燃烧效率和喷管效率相关。发动机的比冲越高,相同条件下推进剂能够产生的速度增量也越大,发动机效率也就越高。用重量或质量都可以描述推进剂的量,当用重量描述时,比冲拥有时间量纲,即

$$I_{sp}=\frac{F\Delta t}{g\Delta m}=\frac{\Delta mv'}{g\Delta m} \tag{2.42}$$

化简得到

$$v'=I_{sp}g \tag{2.43}$$

表 2.1 列出了典型的航天器推进系统的比冲和推力值。典型的固体火箭发动机的比冲量可以达到 290 s,液体火箭主发动机的比冲量则是 $300\sim453$ s。尽管在航天器的设计中,需要考虑为克服阻力额外需要的燃料量,但在选择推进系统的过程中,也要考虑其他诸多因素的影响。双组元推进剂系统虽然比单组元推进剂系统有更大的比冲,但要保证其正常运行,还需要另外增加贮箱、阀门和管道。同样,电推进系统也需要航天器为它

提供持续的电能。所有这些因素都会增加航天器的质量和设计的复杂性,因此要想得到最理想的解决方案,必须考虑航天器各个系统的整体水平。

表 2.1　典型的航天器推进系统的比冲和推力值

推进剂	真空比冲 I_{sp}/s	推力/N
低温气体:氮气、氨气、氟利昂、氪气	50~75	0.05~200
液体,单组元推进剂:过氧化氢(H_2O_2)、肼(N_2H_4)	150~225	0.05~0.5
液体,双组元推进剂:四氧化二氮(N_2O_4)/甲基肼(MMH)	300~340	$5 \sim 5 \times 10^6$
固体推进剂:有机聚合物	280~300	$50 \sim 5 \times 10^6$
电热推进剂:电离式发动机、电弧火箭	150~1 500	0.005~5
静电推进剂:胶体、离子	1 200~6 000	$5 \times 10^{-6} \sim 0.05$
电磁推进剂:脉冲调制等离子体/感应电、磁等离子体动力学引擎(MPD)	1 500~2 500	$5 \times 10^{-6} \sim 200$

例 2.1　计算图 2.18 中航天器维持 200 km 高度圆轨道运行 1 年,为克服阻力所需要的燃料量。同时假设太阳活动周期处于平常状态,且推进系统为单组元推进剂。

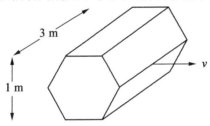

图 2.18　结构示意图

解　根据图 2.18 中几何关系,可知速度矢量与表面外法线的夹角为 30°,根据文献给出的试验测定平板结果得到 C_d 值约为 2.20。航天器迎风面截面面积为 $A = 3 \text{ m} \times 1 \text{ m} = 3 \text{ m}^2$。在 200 km 的高空,大气的密度约为 $4 \times 10^{-10} \text{ kg/m}^3$,轨道速度 $v \approx 8 \text{ km/s}$。对于单组元推进剂燃料,$I_{sp} \approx 200 \text{ s}$。

航天器受到的阻力为

$$F = \frac{1}{2}\rho_a v^2 C_d A = 0.5 \times 4 \times 10^{-10} \times 8\ 000^2 \times 2.20 \times 3 \approx 0.01\ (\text{N})$$

设航天器的净质量为 m,燃料质量为 m_f。为了抵消阻力,航天器上的燃料燃烧形成的喷气以相对航天器的速度 v' 喷出。航天器动量的变化为

$$\Delta p = m_f v' - (m - m_f)\Delta v \tag{2.44}$$

由于轨道保持不变,所以 $\Delta v = 0$。由气动阻力与推力平衡可得

$$F = m_f \frac{v'}{\Delta t} \tag{2.45}$$

航天器运行 1 年所需要的燃料质量为

$$m_f = F\Delta t/v' = F\Delta t/(I_{sp}g) = 0.01\times(365\times24\times3\ 600)/(200\times9.8) = 160.7(\text{kg})$$

气动阻力也可被利用进行有益的航天活动,如空间碎片离轨。目前,有超过80%的空间碎片分布在距地球表面2 000 km以内的近地轨道,这是人类使用最频繁的轨道范围。当空间碎片的数量达到饱和状态时,航天器与空间碎片的碰撞概率会大大增加,因此需要对废弃航天器或空间碎片进行干预以加速自然轨道衰变过程。另外,一些大型空间物体需要受控脱轨和重返地球,因为太多的物质在重返地球后仍能幸存下来,并到达地球表面,从而可能危及人员或财产的安全。

空间碎片的面积质量比(简称面质比)越大,受到的大气阻力摄动加速度也就越大。充气增阻球就是通过增加空间碎片的有效阻力面积来主动提高空间碎片的面质比。随着近年来航天事业的不断发展,发射卫星的质量也在不断增加,这就要求所需的充气增阻球的面积也要不断增加,才能达到需要的离轨效果。针对不同面质比和轨道高度的空间碎片进行仿真分析,面质比分别为0.1 m²/kg、0.3 m²/kg、0.5 m²/kg、0.75 m²/kg、1.0 m²/kg,轨道高度在400~1 000 km的圆轨道,不同面质比时离轨时间和轨道高度的关系如图2.19所示。从图中可以发现,无离轨装置的空间碎片通常需要几十年甚至上百年的时间才可以离轨再入大气,随着近年来卫星发射数量的飞速增长,地球空间轨道上的卫星数量也急剧增加,空间碎片的增长速度也会越来越快。在这种情况下,空间碎片的离轨问题就显得尤为重要。如果卫星在寿命结束时可以安装离轨装置,如充气增阻球,就可以在较短的时间内离轨再入大气,避免卫星变为空间碎片,使空间碎片问题得到控制,满足机构间空间碎片协调委员会IADC(Inter-Agency Space Debris Coordination Committee)的空间碎片减缓要求,即寿命结束后25年内离轨或者推入坟墓轨道。

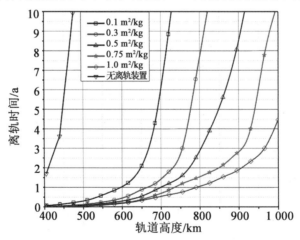

图2.19　不同面质比时离轨时间和轨道高度的关系

气动阻力离轨是通过展开技术形成大面积薄膜帆、抛物面、气球等形状,提高航天器的气动阻力,帮助航天器提早离轨。可以根据轨道高度和质量约束条件为航天器研制大小不同的增阻面,面积可达几十平方米甚至更高。这种离轨方法的优点是结构简单、成本低、便于实现,不需要燃料供给,特别适合近地轨道的航天器。荷兰代尔夫特理工大学设计了充气展开成金字塔形的增阻型离轨装置,该装置主要由薄膜和充气管构成,可以在 450~600 km 高空充气展开。美国全球航空公司提出了一种超轻离轨系统(GOLD)气动离轨装置设计,该离轨装置的主体是直径 37 m、壁厚 6.35 μm 的充气增阻球。增阻球预先收纳于直径约 0.61 m、高 0.18 m 的装置中,展开后的有效阻力面积达 1 122 m²,可保证 833 km 高度 1 200 kg 的卫星在一年内再入大气层。离轨装置可以连接到卫星上,或运载工具的上一级,由轨道运载器运送多个碎片物体,或用于目标航天器和大型空间平台的受控再入。GOLD 系统增加了卫星的截面积,从而放大了大气阻力效应。图 2.20 描述了受控离轨再入过程。当增阻球 GOLD 将轨道降低到即将再入的程度时,在自然条件下使气腔放气获得合适的截面,以减少阻力并推迟再入几天时间。然后,在仔细计时的情况下,将气腔在轨道上的恰当位置经 210 s 完全充气。充气结构构型是设定的,当再入达到特定速度后,释放充气结构。再入过程中,增阻球烧毁。此序列将使系统以受控和有针对性的方式重新进入大气,使大而密集的碎片落入海洋而不是落入陆地。

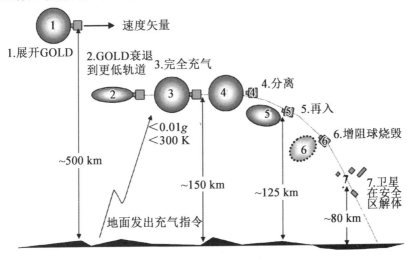

图 2.20　增阻球离轨过程示意图

空间碎片离轨问题是全球航天领域面临的重大挑战和难题,也是现在的热点问题之一,国内外目前研究重心已经跨过了概念设计阶段,正处于关键技术突破阶段,并逐渐向技术验证方向转移发展。

2.3.2　物理溅射

中性分子对在空间轨道上运行的航天器撞击所产生的能量是不可忽略的。当表面原子之间的化学键能小于碰撞能量时,每一次碰撞都有可能使物体表面原子的化学键断裂,这一过程称为溅射。表 2.2 列出了 LEO 轨道单粒子的撞击能量。

表 2.2　LEO 轨道单粒子的撞击能量

高度 /km	速度 /(km·s⁻¹)	单粒子的撞击能量/eV					
		H	He	O	N_2	O_2	Ar
200	7.8	0.3	1.3	5.0	8.8	10.1	12.6

续表 2.2

高度	速度	单粒子的撞击能量/eV					
/km	/(km·s⁻¹)	H	He	O	N_2	O_2	Ar
400	7.7	0.3	1.2	4.9	8.6	9.8	12.2
600	7.6	0.3	1.2	4.7	8.3	9.5	11.8
800	7.4	0.3	1.1	4.5	7.9	9.0	11.2

撞击能量大于束缚表面原子的能量时,就会产生溅射,物理溅射示意图如图 2.21 所示。发生溅射的能量阈值表示为

$$E_{th} = 8U_b \left(\frac{m_i}{m_t} \right)^{2/5} \qquad \left(\frac{m_i}{m_t} > 0.3 \right) \tag{2.46}$$

$$E_{th} = \frac{4U_b m_t m_i (m_t - m_i)^2}{(m_t + m_i)^4} \qquad \left(\frac{m_i}{m_t} \leq 0.3 \right) \tag{2.47}$$

式中,U_b 为物体表面原子间结合能;m 为粒子的质量;下标 t 和 i 分别表示目标原子和入射粒子。

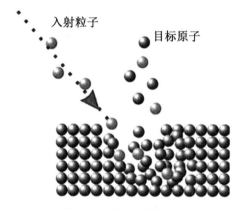

图 2.21 物理溅射示意图

大多数物质发生溅射过程的能量阈值要高于平均的撞击能量,见表 2.3。

表 2.3 溅射过程的能量阈值

目标物质	碰撞气体初始能量/eV					
	O	O_2	N_2	Ar	He	H
Ag	12	14	13	17	25	83
Al	23	29	27	31	14	28
Au	19	15	15	15	53	192
C	65	82	79	88	40	36
Cu	15	22	21	24	20	60

续表 2.3

目标物质	碰撞气体初始能量/eV					
	O	O$_2$	N$_2$	Ar	He	H
Fe	20	28	27	31	23	66
Ni	20	29	27	31	24	72
Si	31	39	37	42	18	40

稀薄气体具有麦克斯韦-玻耳兹曼速度分布,其中高能尾的结果使得周围一些中性分子的撞击能量高于阈值,但这种现象在实际情况中很少见。航天器充电会大大增加带电分子的撞击能量,在严重充电情况下还会导致表面发生溅射。每一次撞击发生,表面分子溅射的比率称为溅射产率。对于较低的能量,可用半经验公式近似计算出溅射产率,即

$$Y^i(E_c) = Q^i \left(\frac{E_c}{E_{th}^i} \right)^{0.25} \left(1 - \frac{E_{th}^i}{E_c} \right) \tag{2.48}$$

式中,Q 为归一化常数;E_c 为撞击能量。

表 2.4 给出了撞击能量为 100 eV 时的溅射产率。

表 2.4　撞击能量为 100 eV 时的溅射产率

目标物质	溅射产率(原子/粒子)					
	O	O$_2$	N$_2$	Ar	He	H
Ag	0.265	0.498	0.438	0.610	0.030	—
Al	0.026	0.076	0.060	0.110	0.020	0.010
Au	0.154	0.266	0.244	0.310	—	—
C	—	—	—	—	0.008	0.008
Cu	0.385	0.530	0.499	0.600	0.053	—
Fe	0.069	0.153	0.129	0.200	0.028	—
Ni	0.120	0.247	0.239	0.270	0.029	—
Si	0.029	0.054	0.046	0.070	0.023	0.002

从表面剥蚀下来的物质总数为

$$\varphi_s = \sum_i \int_{E_{th}^i}^{\infty} Y^i(E_c) \phi_i(E_c) dE_c \tag{2.49}$$

式中,$\phi_i(E_c)$ 为第 i 种碰撞粒子中能量在 E_c 和 dE_c 之间的入射粒子总量,它的和是第 i 种大气成分的总入射粒子流。

在航天器没有充电的情况下,大多数材料的剥蚀率是非常小的。只有长期飞行的航天器,如寿命长达 30 年的空间站,材料的溅射才可能成为决定航天器运行寿命的重要因素。

2.3.3　原子氧剥蚀

在 100~600 km 高度,大气层的主要成分是原子氧(AO)。除了气动阻力作用和物理溅射作用,在 LEO 轨道上运行的航天器,还会受到 AO 活性影响而产生的一系列化学作用。AO 可以与很多物质发生相互作用,使其氧化、腐蚀,导致材料的性能退化。依据作用的材料性质的不同,AO 的作用可以使材料受到不同程度的损坏,然而有时这种作用对材料是有益的。大多数可燃性物质很容易被剥蚀,而一些物质像金属银和锇会被严重腐蚀或形成挥发性氧化物脱离材料表面。通常在选择航天器材料时,既要考虑其热性能,同时也要使材料尽可能地薄,以减少发射质量。因此,如果材料的质量损失引起其热性能的改变,则 AO 剥蚀可能会给航天器带来严重的危害。

考虑到 AO 通量导致材料表面发生了剥蚀,如果 AO 通量的作用时间为 dt,则表面积 dA 内的质量损失为

$$dm = \rho_m RE\phi dA dt \tag{2.50}$$

式中,ρ_m 为材料的密度;ϕ 为 AO 通量密度,是数量密度 N 和轨道速度 v 的乘积;RE 为 AO 反应效率($cm^3/atom$),是通过试验确定的一个常数。

材料厚度的变化率为

$$\frac{dx}{dt} = RE\phi \tag{2.51}$$

对长期任务的航天器来说,需要特别注意 AO 剥蚀问题。美国在 STS-8 和 STS-41G 的飞行试验中,记载了大量有关材料剥蚀速度及防护层保护效果的原始试验数据。在 STS-8 的飞行试验中,将 300 多个不同样本暴露在空间环境中,总共经历的 AO 轰击总量为 3.5×10^{18} atom/cm^2。STS-8 飞行试验的样本包括:聚合物基试样、金属基试样、白色涂层、黑色涂层、光学太阳反射镜(Optical Solar Reflector, OSR)、铬酸阳极层及溅射沉积涂层等。在 STS-41G 飞行试验中测定了 AO 对聚合物基航天器材料的作用效果。表 2.5 列出了 AO 对不同材料表面的反应效率。

表 2.5　AO 对不同材料表面的反应效率

材料	反应效率范围 /($\times 10^{-24}$ cm^3 · atom^{-1})	反应效率最佳值 /($\times 10^{-24}$ cm^3 · atom^{-1})
碳	0.9~1.7	—
环氧树脂	1.7~2.5	—
含氟 Kapton F	—	<0.05
Teflon	0.03~0.05	—
氧化铟锡	—	0.002
聚酯薄膜	1.5~3.9	—
聚酰亚胺 Kapton	1.4~2.5	—
硅树脂 RTV560	—	0.443
银	—	10.5

聚酰亚胺 Kapton 薄膜由于具有出色的耐高温性、紫外线稳定性和良好的韧性等特点，所以在航天器有效载荷舱和卫星上，常被用作热控防护罩材料。未做处理的 Kapton 在 AO 环境下被腐蚀得很严重，其质量损失见表 2.6。研究表明，可用厚度小于 0.1 nm 的 Al_2O_3 和 SiO_2 薄膜，或用掺杂聚四氟乙烯（PTFE）的 SiO_2 薄膜来进行防护，质量损耗率仅为未加保护层材料的质量损耗率的 0.2%。地面试验已经证实，薄的防护层不会明显改变 Kapton 在 $0.33 \sim 2.2$ μm 波长范围内的光学特性。

表 2.6　Kapton 的质量损失

防护层	厚度/nm	质量损失/mg	单位质量损失/$(g \cdot AO^{-1})$
无	0	$5\,020 \pm 9.9$	4.3×10^{-24}
Al_2O_3	70	567 ± 5.2	4.8×10^{-25}
SiO_2	65	5.9 ± 5.2	5.0×10^{-27}
96%SiO_2+4%PTFE	65	10.3 ± 5.2	8.8×10^{-27}

像银和铝这些常用于镜面反射面的材料，一旦暴露在 AO 环境中，也会发生氧化反应。因此，它们同样非常需要防护层。太阳能电池阵由 2 cm×4 cm 的标准型太阳能电池通过厚度为 1 mil（1 mil=25.4 μm）的互连片连接组成，互连片为 40 mil×30 mil 的银丝。如果不采取有效的防护措施，一旦暴露在 LEO 轨道环境中，互连片中的银丝就开始剥蚀。经过长期暴露，互连片因剥蚀出现脱落，将导致太阳能电池阵失效。因此，对于执行长期任务的航天器，尤其是对在较低轨道上飞行的航天器来说，在互连片上增加防护层非常必要。

由于 AO 剥蚀实质上是一个化学过程，因此不一定是直接碰撞导致的损伤。由制造过程或微流星体/空间碎片造成的防护层缺陷会使 AO 穿过防护层表面，腐蚀防护层下面的材料。同样，太阳能电池阵上反射出来的 AO 也会对太阳能电池阵互连片的背面造成威胁。要想确定 AO 是否会给航天器带来问题，首先必须计算出航天器飞行过程中将遇到的 AO 总通量。由 AO 的总通量与材料的剥蚀率可以计算出分系统的剥蚀承受能力。如果性能退化到不能接受的范围，那就必须使用防护层或调整敏感表面以避开 AO 的攻击。

例 2.2　已知聚酰亚胺 Kapton 薄膜的反应效率 RE = 3.04×10^{-24} cm³/atom，AO 的数量密度为 $N = 5 \times 10^{15}$ m⁻³。计算在 200 km 高度的圆形轨道上，航天器上 Kapton 材料的剥蚀率。

解　200 km 高度的圆形轨道速度 $v \approx 8 \times 10^5$ cm/s，AO 通量密度为
$$\phi = Nv$$
剥蚀率为
$$\frac{dx}{dt} = RE\phi = 3.04 \times 10^{-24} \times 5 \times 10^9 \times 8 \times 10^5 = 1.2 \times 10^{-8} (cm/s) = 0.38(mm/a)$$

2.3.4 航天器辉光

辉光指中性原子或分子受到激发达到激励态,由激励态降回基态时以光辐射的形式释放能量的现象。许多航天器都在接近最外部的表面处出现过这种光辐射现象,在 1977 年和 1982 年获得的卫星照片上曾经观察到类似的辉光现象,1983 年美国"发现者号"航天飞机 STS-3 飞行时在其速度方向发现有表面辉光现象。

航天器的大小或其几何外形是决定辉光现象机理特征的重要因素。一些辉光过程与迎风面有关,辉光过程还可能与发动机的点火过程有关。不同的观察结果似乎显示了不同的作用机理。1991 年美国空军和 NASA 在"发现者号"航天飞机 STS-39 飞行时进行了辉光中红外波段和可见光的频谱测量。对试验结果的初步分析表明,轨道上的原子氧环境与航天器表面吸附的 NO、NO^+、OH、CO 气体粒子碰撞产生的激励态分子和原子是航天器表面辉光的起因。其机理包括碰撞产生的激励态的原子氧和氮分子的辐射,解离产生的激励态的原子氧的辐射,表面碰撞引起激励粒子溅射产生的辐射,表面原子复合产生的激励分子的辐射。其中任何一种辐射都不可能单独产生所有波长的辉光。在 STS-3 飞行中,辉光现象仅发生在航天飞机速度方向表面,颜色为橙红色,峰值波长约为 700 nm,并向红外波长区延伸,强度约为 1 000 瑞利(Rayleigh,1 瑞利=$1.4\pi \times 10^{10} m^{-2} \cdot s^{-1} \cdot sr^{-1}$)。从公布的拍摄照片上清晰可见,辉光分布在航天飞机表面约 10 cm 厚度,并在垂直稳定器与运动方向相反的后沿上向外延伸形成了约 3 m 长的尾巴,垂直稳定器后部的中间有很深的阴影,没有辉光。因此可以断定,辉光现象仅发生在速度方向,并且辐射延伸到空间,表明辐射发光粒子脱离了航天飞机表面。研究表明,辉光接近红外光时,亮度会增强,不同材料的辉光强度不尽相同,黑色聚合物和 Z302 的辉光最亮,而聚乙烯的辉光最暗。卫星、发动机点火、航天飞机迎风面以及航天飞机在轨道上形成的污染物云层所产生的辉光现象,在外观上或多或少会有所区别。

辉光过程的物理机理与中性大气层有直接关系。目前对这种可见辉光现象解释的最可能的原因是:轨道上的高速原子氧与吸附在航天器表面的 NO 碰撞,形成激励态的 NO_2^*,这种激励态的分子从航天器解吸时,将激励能转化为光子释放出来,恢复到基态的 NO_2。为了进行等离子体试验,航天飞机向速度方向释放了 NO、CO_2、Xe、Ne 几种样品气体,其中有相当一部分反向散射到航天飞机表面。当释放 NO 时,肉眼可以观察到航天飞机表面辉光强度明显增强,而辉光颜色几乎没有任何变化。当释放其他 3 种气体时,对可见辉光没有任何影响。试验中,NO 通过喷嘴释放,喷嘴由均布在平板上的 27 个喷口组成,每个喷口的直径为 0.1 mm,喷出的 NO 形成蓝白色的明亮的气相羽流。羽流中的 NO 在向前扩散数十米后才反向回射到航天飞机表面,其与周围原子氧的撞击能量不足以使 NO 电离或解离。喷射 NO 后,航天飞机表面辉光增强的原因是原子氧与航天飞机表面吸附的 NO 碰撞复合,产生激励态 NO_2^*。接着 NO_2^* 从表面解吸并回到基态,将激励能以光子形式释放出来,形成可见辉光,反应机理为

$$AO + NO(吸附) \longrightarrow NO_2^*$$

$$NO_2^* \longrightarrow NO_2 + h\nu$$

上述试验结果表明,NO 与原子氧的反应是引起可见辉光的原因。一般认为航天器表面

的 NO 主要来自两方面。

(1)航天器姿态控制火箭点火后产生的 NO。

(2)原子氧与残余大气中 N_2 的反应产生 NO。

这些 NO 重新返回并被吸附到航天器表面,在受到原子氧粒子碰撞轰击时产生反应,引起了辉光现象。辉光亮度 B 用瑞利度量,它与运行轨道高度 $H(km)$ 之间的关系为

$$\lg B = 7 - 0.012\ 9H$$

航天飞机辉光除了作为一种特殊的物理现象引起人们的注意外,更重要的是它还将成为光谱仪、光敏感器、空间望远镜和空间相机的干扰源,严重影响低照度下的测量、观察和照相。在选择航天器的制造材料时,人们通常考虑热学特性和长时间处于 LEO 环境的稳定性,仅通过选择材料来解决辉光问题比较困难。因此,有必要把 LEO 轨道的遥感设备的方向调到指向尾迹的方向,或者允许出现辉光现象时降低图像的质量。

例 2.3 计算在 200 km 高度的圆形轨道上运行的航天器,在出现辉光现象时的亮度。

解 由 $\lg B = 7 - 0.012\ 9\ H$ 计算得

$$B = 10^{4.42} = 26\ 303(瑞利)$$

2.4 地面模拟试验

人们已经进行了各种试验来研究材料与 LEO 轨道上的原子氧的相互作用。要准确地模拟 LEO 轨道环境是一项极其复杂的工作,因为首先要把氧分子分解为氧原子,然后还要让氧原子加速,使其动能达到撞击时的大小,即 5 eV。要想形成符合上述条件的原子氧束,需要用高能激光束使氧分子分解成等离子体,随后再使用其他的技术手段使等离子体快速膨胀,或是让离子束和金属表面之间产生相切-入射的撞击。还有一种方法是在抽真空后的玻璃圆柱体上缠上螺旋状的铜线圈,这样就形成了一台简易低温氧等离子体发生器,用质量流量控制仪把氧气送入腔体内,并用旋转真空泵和适当的调节阀维持压力。螺旋线圈的射频可以持续产生等离子体。

使用等离子体发生器来研究材料性能降低的方法受到了很多的质疑,主要原因是在地面模拟环境中得到的 AO 撞击能量比轨道上的撞击能量要小得多。虽然在地面上无法真正再现轨道上的等离子体环境,但通过合理标定等离子体发生器,可以让它与从飞行数据中得到的材料性能相匹配。这样,在没有完全模拟低地球轨道环境的条件下,人们利用低能量的地面试验,也能够模拟出轨道材料质量损失的效应。但是必须注意到,这些能产生低能量氧离子体的试验设定了许多试验条件(发生器压力、氧气流量、电压、电流及电力供应状态等)。只有符合一系列严格条件的发生器测得的试验数值,才能很好地与飞行数据相吻合。

2.5 设计指南

设计者可以采取多种不同的方法来最大限度地减少与中性大气环境的相互作用。

轨道所处大气密度以及航天器的形状和尺寸决定了气动阻力大小。除极少数的情况外，一般不采用提高航天器运行高度的方法来减少阻力，主要因为提高轨道高度会影响有效载荷的工作性能，增加发射费用。此外，一般也不建议设计气动表面光滑的航天器，因为整流罩对航天器的体积有所限制。因此，减少大气阻力最常用的方法是调整航天器的飞行方向，让它在气流中的迎风面积最小。在较低轨道上，通常让太阳能电池阵与迎风面形成某个角度以减少阻力，这时候的太阳能电池阵只要能够向航天器提供足够的电能就行了。在航天器表面材料的选择上，尽可能采用不宜与原子氧反应，且有较高的溅射阈值的材料，对附近有光学仪器部位的材料，还需满足表面反光率不太高的要求。

如果可能，可以调整航天器敏感表面的指向，让其远离迎风面，或者使用防护外罩来减少原子氧对航天器的撞击。显然，增加原子氧防护罩会增加设计的费用和复杂程度；因此，只有在能够预见上述问题肯定发生时才采取此种方法。为了减少辉光现象的出现，需要把遥感设备对准航天器的尾迹，或者远离可能出现辉光现象的物体表面。如果有选择的余地，且辉光现象成为必然问题，那么可以选择适当的材料来降低辉光强度。

思 考 题

1. 估算在 250 km 高的圆形轨道上，横截面积为 1 m^2 的航天器为克服飞行阻力所需要的燃料量。假定处于平均太阳活动周期条件下，如果运行高度：(1) 从 250 km 下降到 200 km；(2) 从 250 km 上升到 300 km，结果会有什么变化？当假定条件改为：(1) 太阳活动低年，F10.7＝70；(2) 太阳活动高年，F10.7＝380，结果又有什么变化？

2. 作为火星探测计划的一部分，NASA 准备把一批重 200 kg 的设备运送到火星表面，用来研究火星表面的化学物质、地理状况等。降落伞可以让设备在火星表面实施软着陆。在设计降落伞的时候，为计算起来更为方便，把降落伞的总表面积设为 A。$A = \pi d^2 / 4$，而不是用它张开后的截面积。按照这种定义方法，试验得到的阻力系数为 0.55。地球大气层的密度大约为 1.22 kg/m^3，假设火星大气层密度为地球的 1%，如果最大允许撞击速度为 25 m/s，计算降落伞的半径大小。（火星表面重力加速度为 3.72 m/s^2）

3. 当进入地球同步轨道的卫星的远地点发动机出现故障时，它可能被困在 350 km 高的低地球圆形轨道上。估算一下，在原子氧把 2 mil 厚的太阳能电池互连片腐蚀到只剩下 1 mil 厚之前，有多少时间可以允许 NASA 进行救援，安装新的发动机？假定处于平均太阳活动周期状态下，航天器非常稳定，太阳能电池阵总是处于迎风姿态。如果太阳能电池阵总是处于对着太阳的方向，则上述结果会发生怎样的变化？

第3章 真空环境

在真空环境下,航天器会出现压差效应、放电效应、真空出气、分子污染等多种效应,这些效应会对航天器的结构、电子设备等造成损伤或使其功能退化。本章重点介绍真空环境效应及其中涉及的物理化学机制、加工制造过程污染与对策等内容。

3.1 真空环境效应

真空是指在给定的空间内低于一个大气压力的气体状态,是一种物理现象,真空度越高,也就是气压越低。航天器运行的轨道高度不同,真空度也不同,轨道越高,真空度越高。航天器入轨后始终运行在高真空与超高真空环境中。在海拔 600 km 处,大气压力在 10^{-7} Pa 以下,1 200 km 处为 10^{-9} Pa,10 000 km 处为 10^{-10} Pa,月球表面为 10^{-10} ~ 10^{-12} Pa,大约相当于每立方厘米有 100 个氢分子,银河系星际空间压力为 10^{-13} ~ 10^{-18} Pa。高度从 100 km 以上(由于光电离的作用,平均温度急剧增加)到 700 km 处,达 1 000 K,大气层的极限温度可达到 2 100 K。宇宙真空是理想的洁净真空。但是由于空间环境复杂,太空是无限的空间,在 3 K 的冷黑背景、电子、质子、等离子体、紫外线、原子氧、高能粒子等各种各样的辐射及微重力环境的影响下,空间真空获得、真空测量、质谱分析技术等具有特殊的规律。

压力差效应在 10^2 ~ 10^5 Pa 的气压范围内发生。当航天器及其运载工具上的密封容器在地面装配时,需要平衡外界 1 个大气压力,进入到稀薄大气后,容器外气压减小到几乎可以忽略,使得容器内、外压差增加 1 个大气压力,在极高的应力作用下,密封舱有可能发生变形或损坏,增大贮罐中液体或气体的泄漏风险,缩短使用时间。据分析,在航天史上有约 50% 的重大故障与真空环境泄漏有关。1967 年 4 月 23 日,苏联"联盟号"飞船返回地面时,因泄漏造成舱主伞绳缠在一起,飞船坠毁,科马罗夫成为世界航天史上第一位在飞行中遇难的航天员。1971 年 6 月 30 日,苏联"联盟 11 号"飞船的 3 名航天员返回地面时,因返回舱真空室漏气均窒息而亡。据统计,因真空环境泄漏,全世界至少有 20 枚火箭发生爆炸,其中有造成火箭发动机试验时提前关机或未能二次点火,有火箭升空后未达到预定推力而使卫星偏离轨道不能入轨,有火箭升空后引起爆炸、星箭自毁等;另外,全世界至少有 8 颗卫星因泄漏而发射失败,10 多颗卫星产生重大故障而缩短寿命或未达到使用功能。

在航天工程领域,大型、超轻质结构一直是各航天大国发展的方向之一。由柔性复合材料构建而成的空间充气展开结构具有非常大的体积压缩比,可节省很大的航天器运载空间,降低发射成本。相比传统机械展开结构的诸多优势,充气结构成为近些年来各国的重点研究对象,如美国、俄罗斯、欧洲地区及日本等都相继开展了空间充气结构相关技术和应用研究,涉及的结构主要有大型空间天线、太阳能帆板、外星球居住地、太阳防护罩以及能量吸收系统等。空间充气展开结构在发射升空前是折叠包装的,进入轨道之后,根据需要通过充气展开并刚化,达到强度、刚度、稳定性及功能要求。1996年,美国航空航天局通过航天飞机在空间轨道上释放了一个由直径14 m反射面和3个28 m长支承管组成的充气天线结构(图3.1)。充气结构在地面折叠包装过程中残留微量气体,当结构入轨后,由于真空压差效应,3个支承管发生纠缠,在宇航员干预下结构才顺利展开。

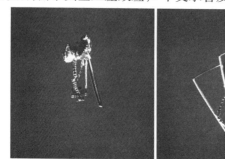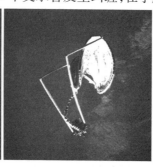

图3.1　美国的充气展开天线在轨试验

真空放电效应发生在$10^{-1} \sim 10^3$ Pa低真空范围。电极之间发生自激放电时称为电击穿。决定击穿电压量值的因素很多,如气体性质、压力、两极间距离、极板的性质和形状等。对于航天器发射上升阶段必须工作或通电的电子仪器,应防止任何放电的可能。

当真空度达到10^{-2} Pa或更高时,在真空中分开一定距离的两块金属表面受到具有一定能量的电子碰撞时,会从金属表面激发出更多的次级电子,它们还可能与两个面发生来回多次碰撞,使这种放电成为稳定态,这种现象称为微放电。金属由于发射次级电子而受到侵蚀,电子碰撞会引起温度升高,而使附近气体压力升高,甚至会造成严重的电晕放电。射频空腔波导管等装置有可能由于微放电而使其性能下降,甚至产生永久性失效。

当真空度高于10^{-2} Pa时,气体会不断地从材料表面释放出来。这些气体的来源如下。

①原先在材料表面吸附的气体,在真空状态下从表面脱附。

②原先溶解于材料内部的气体,在真空状态下从材料内部向真空边界扩散,最后在界面上释放,脱离材料。

③渗透气体通过固体材料释放出来。

航天器材料在空间真空环境下出气,可使高温吸附的可凝性气体转移到航天器的低温处,造成低温处表面污染,从而改变表面性能。这种通过分子流动和物质迁移而沉积在航天器其他部位上造成的污染称为分子污染。严重的分子污染会降低观察窗和光学镜头的透明度,改变热控涂层的性能,减少太阳能电池的光吸收比,增加电器元件的接触电阻等。

材料在空间真空环境下的蒸发、升华和分解都会造成材料组分的变化,引起材料质量损失(简称质损),造成有机物的膨胀,改变材料原有性能,如热物理性能和介电性能等。一般质损1%～2%时,材料的宏观性质无重大变化;但质损达10%时,材料性质出现明显的变化。因此,一般把每年质损小于 1% 作为航天器材料的标准。

航天器表面材料不均匀地升华,使表面变得粗糙,进而使航天器表面光学性能变差。在高真空下,材料的内、外分界面可能变动,引起材料机械性能的变化。由于蒸发缺少氧化膜或其他表面保护膜,因而可能改变材料表面的适应系数及表面辐射率,显著改变材料的机械性能、蠕变强度和疲劳应力等。

黏着和冷焊效应一般发生在 10^{-7} Pa 以上的超高真空环境下。地面上固体表面总吸附有氧气和水膜及其他分子膜,在不另加注润滑剂的情况下,它们成为边界的润滑剂,起到了减少摩擦系数的作用。在真空中固体表面的吸附气膜、污染膜以及氧化膜被部分或全部清除,从而形成清洁的材料表面,使表面之间出现不同程度的黏合现象,称为黏着。如果除去氧化膜,使表面达到原子洁净程度,在一定压力负荷和温度下,接触的固体间由于原子相互扩散渗透形成整体黏着,即引起冷焊。这种现象可使航天器上一些活动部件出现故障,如加速轴承的磨损,减少其工作寿命,使电机滑环、电刷、继电器和开关触点接触不良,甚至使航天器上一些活动部件出现故障,如天线或重力梯度杆展不开,太阳电池阵板、散热百叶窗打不开等。总之,一切支承、传动、触点部位都可能出现故障。防止冷焊的措施是选择不易发生冷焊的配对耦合材料,在接触表面涂覆固体润滑剂或设法补充液体润滑剂,涂覆不易发生冷焊的材料膜层。

真空环境往往与其他环境因素耦合对航天器材料及结构产生影响。只有 21% 的太阳光能不受阻碍地穿过地球大气层,到达地球表面,31% 的太阳光被反射回太空,29% 通过散射到达地球,19% 作为热量被大气吸收。波长小于 0.3 μm 的太阳光,即紫外线(UV)全部被地球的臭氧层吸收。在轨航天器的表面会完全暴露在太阳紫外线之中。单个光子的能量 E 与它的波长 λ 或频率相关,即 $E = hc/\lambda$,其中 h 为普朗克常数,c 为光速。表 3.1 给出了化学键能及对应的波长,可以看到紫外线中的单个光子具有的能量足以使许多物质的化学键断裂。因此,这些物质一旦暴露在紫外线辐射中,其物理性质都将发生改变。

表 3.1　化学键能及对应的波长

化学材料	25 ℃的键能/eV	波长/μm
C—C	3.47	0.36
C—N	3.17	0.39
C—O	3.73	0.33
C—S	2.82	0.44
N—N	1.69	0.73
O—O	1.52	0.82
Si—Si	2.30	0.54
S—S	2.52	0.49
C=C	6.29	0.20
C=N	6.38	0.19

续表 3.1

化学材料	25 ℃的键能/eV	波长/μm
C≡C	8.59	0.14
C≡N	9.24	0.13
C≡O	7.64	0.16

一般来讲,可以把物质分成空间稳定性和空间非稳定性两类。空间稳定性物质在空间轨道环境中,其性能基本不会发生改变,空间非稳定性物质可能会对一系列影响因素比较敏感。航天器大量使用轻质复合材料,其中的高分子材料是空间非稳定性材料。在空间轨道上,很难区分航天器受到的伤害究竟是紫外线造成的,还是其他因素造成的。波长为 200～400 nm 的紫外线辐照一般在真空室获得。在空间真空环境下,太阳紫外线和空间各种因素的联合作用对硅太阳电池、温控涂层、复合材料、黏结剂等空间材料性能有明显影响,如可以使硅太阳电池损伤,电池效率下降,甚至完全失效,热控涂层老化变色,导致吸收比增大,使复合材料中的黏结剂透过率下降等。许多情况下,人们可以通过选取空间稳定性材料作为航天器材料来避免材料性能的下降。

贝塔布是由玻璃纤维织成的,加工过程要把玻璃纤维浸入聚四氟乙烯(PTFE)和聚硅氧烷的乳液中。聚四氟乙烯的作用是保护纤维,避免纤维之间相互摩擦使纤维的质量变差。聚硅氧烷可使最终产品的性能更好。航天飞机执行任务 1 星期后,用肉眼就可以看到贝塔材料的颜色逐渐变深。试验证实,如图 3.2 所示,贝塔布在紫外线下暴露后,其太阳光吸收比增大,材料的颜色加深可能是由于紫外线在纤维结构中形成了色心。这些色心的位置实际上就是当物质暴露在紫外线中时,结构中的氧原子脱离出去的位置。材料颜色变深的程度与聚硅氧烷的含量大体上成正比。当回到地球重新暴露在大气环境中,氧原子又会回到原来的位置,色心就会消退,材料重新恢复原貌。图 3.3 给出了在紫外线下暴露 187 h 后的贝塔布太阳吸收比的变化。

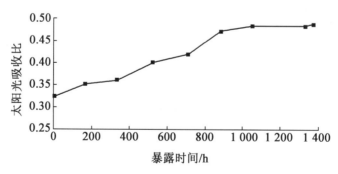

图 3.2　贝塔布太阳吸收比的变化

微重力环境具有无自由对流、无浮力、无沉积、无静压的物理条件,在微重力环境下可进行物理规律、晶体生长、药物制造、金属冶炼、合金制造等多项研究工作。在真空的洁净条件下,微重力环境作为空间资源开发,是构成空间产业的主要内容之一。工程上常采用真空落管、真空落塔等模拟太空的微重力环境。

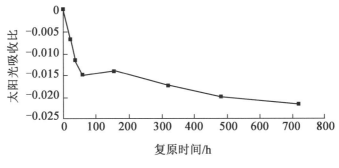

图 3.3　贝塔布的复原

　　在真空与微重力环境下对航天器进行结构设计,可采用轻质柔性结构,用很小的力来移动、伸展大型物体。

3.2　微粒污染

3.2.1　分子污染

　　材料性能降低除了受太阳紫外线影响外,还与分子污染密切相关。即使安装在运载火箭上的航天器表面很干净,但在发射和入轨运行过程中,由于存在着出气过程,航天器自身也会成为一种污染源。除了最纯净的材料,几乎所有的材料都会有一定量的挥发性化学物质附着在其表面,或从内部扩散出来。这些挥发性的化学物质,可能由于不恰当的催化剂/树脂配比,或不恰当的加工方法(如加工中引入的溶剂分子或其他小分子等)而在材料中残留下过量的化学物质,随着时间的推移,这些过量的化学物质从材料内部迁移到材料表面,进而散发到周围的环境中。当物体表面分子受到的内部约束力消失时,就会进入飞行轨道,可能随机撞击到处于其飞行路径上的航天器表面。由于每次只沉积 1 个分子,其厚度为数十埃,因此这种类型的污染称为分子污染。如果热控材料或光学部件的表面沉积了出气材料,则这些材料或部件的性能会严重下降。

　　出气是指材料随时间流逝不断释放气体的过程。出气速率一般随材料暴露在真空中面积的增大而剧增。在低压环境里,材料的出气程度取决于以下因素:材料特性、材料曾经暴露过的环境、温度(出气程度随温度增加而急剧加大)、时间(出气程度随时间增加而降低)、环境压力(出气程度与环境压力关系不大)。出气机理主要包括解吸附、扩散和分解。

　　解吸附是在物理或化学作用下使吸附在物体表面的分子释放的过程。解吸附出气率与质量的关系可以用一阶反应模型来描述,即

$$\frac{\mathrm{d}m_\mathrm{s}}{\mathrm{d}t} = -m_\mathrm{s}\tau_\mathrm{s}^{-1} \tag{3.1}$$

式中,τ_s 为停留时间。

　　出气分子撞击物体表面时,多数情况下分子不会发生弹性散射,而是附着于物体表

面,并形成热平衡状态。污染物分子将一直附着在物体表面,在获得足以摆脱物体表面吸引力的能量后才能脱离物体表面,这一过程遵循量子力学的随机概率理论。物体表面污染物分子平均停留时间与物体表面温度有关,可近似由阿伦尼乌斯方程表示:

$$\tau_s = \tau_{s,0} \exp \frac{-E_{s0}}{RT} \tag{3.2}$$

式中,E_{s0} 为污染物解吸附活化能;R 为气体常数;T 为温度。

阿伦尼乌斯方程是描述化学反应速率常数与温度变化的经验关系式。活化能可以认为是材料的一个能量阈值,或者说是发生化学反应需要的最小能量值。解吸附活化能即指发生解吸附作用需要的能量阈值。标称温度下的滞留时间可按下式估算:

$$\tau_{s,0} \approx \frac{h}{k_B T} \approx 1.7 \times 10^{-13}\ s \tag{3.3}$$

大多数出气污染物在物体表面停留的时间极短,而在低温物体的表面停留的时间较长。例如,对于具有 17 kcal/mol(1 kcal = 4.186 8 kJ)活化能的水分子来说,在 100 K 时,它在物体表面停留的时间为 10^{24} s,而在 300 K 时,停留的时间仅为 0.25 s。图 3.4 所示为不同温度下的污染物停留时间。活化能的大小取决于具体的材料。物理吸附是分子依靠范德瓦耳斯力或静电引力,而非化学键黏附在物体表面的过程。化学吸附则是指依靠化学键黏附的过程。化学吸附的解吸附活化能要大于物理吸附的解吸附活化能。金属最初的出气成分一般为 CO、CO_2、H_2、H_2O 和 O_2。出气率通常与时间(t^{-1})成反比,一般地,从金属表面清除污染层是通过解吸附过程完成的,由于解吸附仅仅清除物体表面的污染物,因此这种方法引起的物质质量损失非常小。

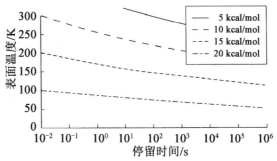

图 3.4　不同温度下的污染物停留时间

某些情况下,出气并不满足一阶反应过程,如出气率可用一个与质量无关且以时间的指数函数形成的模型表示,即

$$\frac{dm_s}{dt} = -k_s (t + a_s)^{-n}, \quad k_s = c_s \exp \frac{-E_{s0}}{RT} \tag{3.4}$$

扩散是指分子由高浓度区域向低浓度区域运动的过程。扩散到材料表面的污染物分子或许有足够的热能摆脱物体表面吸附进入周围环境中。有机物发生出气过程通常是通过扩散产生的,由于扩散过程包括有机物的各个部分,因此此过程形成的物质质量损失通常要大得多。扩散形成的物质质量损失为

$$\frac{\mathrm{d}m}{\mathrm{d}t} = \frac{q_0 \exp(-E_a/RT)}{t^{1/2}} \qquad (3.5)$$

式中, q_0 为通过试验获取的反应常数, 与解吸附活化能类似; E_a 为扩散活化能。

对上式积分可以得到时间 t_1 和 t_2 之间由于出气过程而产生的质量损失的量, 即

$$\Delta m = 2q_0 \exp(-E_a/RT)(t_2^{1/2} - t_1^{1/2}) \qquad (3.6)$$

材料产生出气量的多少取决于材料的出气特性, 它包含在反应常数中, 可以由标准试验结果计算得到。玻璃(出气成分为 H_2O 和 CO_2)和橡胶(出气成分为 CO、CO_2、H_2 和 H_2O)的出气率与出气时间的关系主要由所释放气体的扩散效果决定。

分解是化合物分解成两种或多种物质的过程, 形成的简单小分子物质通过解吸附或扩散出气。

上述解吸附、扩散和分解过程的发生会受一系列因素影响, 如活化能(它可以衡量物体对表面分子束缚能力的大小)、温度(它是衡量热能大小的量)。表 3.2 给出了不同出气机理的活化能范围及遵循的时间依赖关系。由于需要的能量较小, 因此解吸附和扩散是最主要的出气机理。

表 3.2　不同出气机理的活化能范围

机理	活化能/$(\mathrm{kcal \cdot mol^{-1}})$	时间相关性
解吸附	$1 \sim 10$	$t^{-1} \sim t^{-2}$
扩散	$5 \sim 15$	$t^{-1/2}$
分解	$20 \sim 80$	无

如果单位时间内到达物体表面的污染物数量大于脱离物体表面的污染物数量, 在物体表面就会形成污染层。也就是说, 如果一些污染物分子的停留时间很长, 则污染物就会积累起来。其积累速率约为

$$X(t, T) = \mu(T)\phi(t, T) \qquad (3.7)$$

式中, $\mu(T)$ 为黏滞系数, 也是能永久停留在物体表面的分子; $\phi(t, T)$ 为分子到达物体表面的速率。

在污染最严重的情况下, 或在大多数污染物停留时间较长的低温物体表面, 可以假定 $\mu = 1.0$。

在航天材料使用过程中, 除了个别特殊应用需求外, 一般情况下只有达到标准的材料, 例如满足总质量损失(TML)<1.0%、被采集的可凝挥发性物质质量(CVCM)<0.10% 等条件的材料, 才允许在航天环境中使用。ASTM E595-15 的测试原理图如图 3.5 所示。试验中, 样品放在温度 125 ℃、压力小于 7×10^{-3} Pa 的条件下 24 h, 挥发出气体在收集腔内的 25 ℃的低温壁板被冷凝, 比较试验开始和试验结束时样品的质量大小, 其差值就是样品总的质量损失, 在低温壁板收集到物质质量就是可凝挥发性物质的质量。较低的CVCM 意味着除水蒸气外, 材料质量损失的百分比很小。水蒸气回收百分比(WVR)用于度量暴露在潮湿环境中材料的水蒸气回吸量。WVR 不是与航天器密切相关的数据, 但

可为制造过程中的材料干燥和烘干需求提供参考。常用材料出气数据见表3.3。

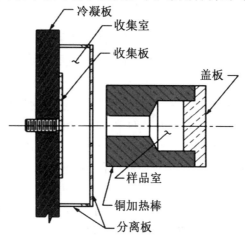

图3.5　ASTM E595-15的测试原理图

表3.3　常用材料出气数据

材料	活化能/(kcal·mol⁻¹)	TML/%	CVCM/%
黏合剂			
Abebond36-02	16.2	0.19	0
RTV566	无	0.10	0.02
Scotchweld2216	11.3	1.25	0.08
Solithane113/300	12.6	0.66	0.04
Trabond BB-2116	7.96	1.01	0.05
保形涂层			
Epon815/V140	31.2	1.07	0.10
薄膜/薄板材料			
Kapton H	无	0.77	0.02
油漆/金属漆/清漆			
Cat-a-lac463-3-8	12.4	2.14	0.03
ChemgLaze Z-306	17.2	1.12	0.05
S13GLO	无	0.54	0.10
Z-93	无	2.54	0
Zine Orthotitnate(ZOT)	无	2.48	0

例3.1　计算满足 ASTM E595-15 要求，即 125 ℃、24 h 时 TML = 1.0%，具有 E_a = 42 kJ/mol 能量的重达 m = 10 kg 的物体，在 25 ℃ 温度条件下飞行第一个星期里发生出气的物质质量。

解　由质量损失 $\Delta m = 2q_0 \exp(-E_a/RT)(t_2^{1/2} - t_1^{1/2})$，可得

$$\frac{\Delta m_{\mathrm{w}}}{\Delta m_0} = \exp\left[\frac{E_{\mathrm{a}}}{R}\left(\frac{1}{T_0}-\frac{1}{T_{\mathrm{w}}}\right)\right]\left(\frac{t_{\mathrm{w}}}{t_0}\right)^{1/2}$$

式中,下标 0 和 w 分别对应 ASTM E595-15 和飞行状态。

因 $\mathrm{TML}=1.0\%$,$\Delta m_0 = m\times\mathrm{TML}$,由此计算得到第一个星期里发生出气的物质质量为

$$\Delta m_{\mathrm{w}} = \Delta m_0 \cdot \exp\left[\frac{E_{\mathrm{a}}}{R}\left(\frac{1}{T_0}-\frac{1}{T_{\mathrm{w}}}\right)\right]\left(\frac{t_{\mathrm{w}}}{t_0}\right)^{1/2}$$

$$= 10\times1\%\times\exp\left[\frac{42\,000}{8.31}\times\left(\frac{1}{398}-\frac{1}{298}\right)\right]\left(\frac{7}{1}\right)^{1/2}$$

$$= 3.7(\mathrm{g})$$

物体表面某一点的污染速率和所有可能的出气源的出气速率以及这个点与各出气源之间的物理几何关系有关。到达物体表面的速率是出气源出气速率与几何视角因子的乘积,该因子表示离开出气源并且撞击到物体某一区域的比例。出气视角因子与用来计算热辐射平衡的视角因子或夹角系数极其相似。

对大多数出气过程的计算而言,必须要计算出物体表面、出气源、作用点与收集点之间的视角因子,简化后的视角因子计算公式为

$$\mathrm{VF} = \int \frac{\cos\theta\cos\phi}{\pi r^2}\mathrm{d}A \qquad (3.8)$$

式中,θ 为垂直出气源的法线与指向收集点半径矢量间的夹角;ϕ 为收集点所在平面的法线与该点半径矢量间的夹角;r 为出气源及收集体之间的距离,几何视角如图 3.6 所示。

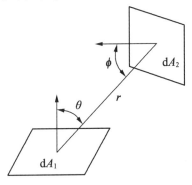

图 3.6　几何视角

在整个出气源面积上积分。当已知视角因子时,就可以计算污染物到达某一点的速率:

$$v = \sum_s \mathrm{VF}_s \frac{\mathrm{d}m_s}{\mathrm{d}t}\frac{1}{\rho_s} \qquad (3.9)$$

例 3.2　估算从半径为 10 cm 的圆形气孔到太阳能电池阵距通气孔最近一点的视角因子。太阳能电池阵通过 1 m 长的桁梁连接在航天器上,桁梁位于通气孔下方 25 cm 处。

解　由几何关系有

$$r = \left[(1)^2+(0.25)^2\right]^{1/2} = 1.03(\mathrm{m})$$

$$\cos \theta = 1/1.03 = 0.97$$

$$\cos \phi = 0.25/1.03 = 0.24$$

$$dA = \pi \times (0.1)^2 = 0.0314 (m^2)$$

计算得到视角因子为

$$VF \approx (\cos \theta \cos \phi \, dA)/(\pi r^2) = 0.00219$$

出气源可能是一个较大的面,例如涂覆有出气涂层的热控面板;也可能是局部区域,例如航天器出气口或某个电子元件。热防护层或多层绝缘层也可能产生污染。任何可能出气的物体,其本身就是一种潜在的污染源。污染源并不总是一定要有一个直接到达敏感表面的视角路径才能污染敏感表面。污染源可以通过出气在某一个中间物体的表面形成污染,中间物体再通过解吸附将污染物传播到不在视角内的敏感表面。因此,对污染进行全面分析时,还需要考虑反射或解吸附传递的影响。污染物离开航天器后,通过与周围大气分子的碰撞,可能重新回到航天器上。在大气密度很高的低轨道上,这种现象要特别引起注意。

在更高的运行轨道上,这种污染很难对航天器造成严重影响。在特定的轨道条件下,由于周围等离子体环境的作用,航天器会逐渐演变成带电的负电荷体。如果出气后的污染物分子在靠近航天器的地方(德拜鞘层)被电离,那么污染物的分子很可能由于电场的作用被重新吸附到航天器的表面。在高空航天器充电污染试验中发现,多达31%的污染物沉积与航天器带电周期有关。在 LEO 轨道上,等离子体屏蔽厚度的量级约为1 cm 量级,污染物分子在被电离之前摆脱电场对它们吸引的可能性很大。在 GEO 轨道上,等离子体屏蔽厚度在几米甚至几十米量级,污染物分子被重新吸引的可能性很大。只有在污染物束流被阳光照射和/或航天器带负电荷的情况下,才有可能出现污染物分子被重新吸引的现象。

物体表面附着的污染物薄层会改变其对太阳能的吸收比,其大小为

$$\alpha_s^x = \frac{\int \{1 - R_s(\lambda) \exp[-2\alpha_c(\lambda)x]\} S(\lambda) d\lambda}{\int S(\lambda) d\lambda} \tag{3.10}$$

式中,α_c 为污染物薄层的吸收比;x 为污染物的厚度;$R_s(\lambda)$ 为未被污染的物体对太阳能的反射率,$R_s(\lambda) = 1 - \alpha_c(\lambda)$;$\lambda$ 为波长;S 为太阳辐照度。

室温条件下,航天器形成的典型污染物的吸收率变化曲线如图 3.7 所示。

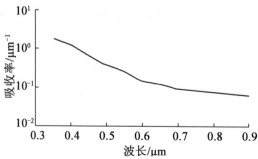

图 3.7　典型的航天器污染物的吸收率变化曲线

　　污染层会增加物体表面的吸收比,同时会提高它的平衡温度,太阳能吸收比与污染物厚度变化的关系如图 3.8 所示。通常,物体表面污染物的厚度每增加 1 μm,物质的吸收比将提高约 2 倍。航天器出气形成的典型混合污染物,在紫外线波段的吸收比要比红外波段的大。在紫外线波段工作的遥感设备的污染问题要比在红外波段工作的遥感设备的污染问题受到更大的关注。

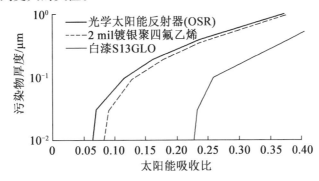

图 3.8　太阳能吸收比与污染物厚度变化的关系

　　对于热控材料,如光学太阳能反射器(Optica Solar Reflector,OSR)材料,典型的吸收比初始值为 0.08。为保证吸收比数值在大幅增加的情况下,材料仍能达到预期热控效果,就需要把散热器做得很大,以便在寿命末期仍可以提供足够的散热能力,然而任务初期,大面积的散热器由于吸收比低使其温度较低,因此需要提供足够的加热能力解决散热器温度过低的问题。如果能减小吸收比的变化,就可以使航天器的体积、质量和费用随之减小。早期的航天活动中,一些航天器在寿命末期的吸收比达到 0.3~0.4。人们现在对污染问题有了更多的认识,可以选用合适的航天器材料并进行航天器的前期设计,使任务末期的吸收比值小于 0.2。

　　除了要注意热控材料表面形成的污染物以外,还要注意可能在光学设备或太阳能电池阵上形成的污染物。光学部件如镜头、平面镜或焦平面阵列上沉积的污染物薄层会使探测器的信噪比降低,并吸收来自探测目标的光线使探测器的动态范围受到限制。如果污染膜太厚,则传感器将会彻底丧失功能。对于需要保持在低温条件下的红外传感器,如果光学部件可以通过加热使表面污染物蒸发掉,这个问题就会得到部分解决。但由于焦平面所承受的温度循环次数有限,所以这往往是不得已的选择。污染物薄层厚度增加会使太阳能电池的输出功率降低,如图 3.9 所示。通常,污染物厚度每增加 1 μm,电池的功率输出大约降低 2%。

　　当太阳能电池阵受到太阳光照射时,通常温度比较高,可以达到 60 ℃,因此,这时候最好对黏滞系数进行重新检查。室温条件下的黏滞系数一般假定为 0.1,这个假定与在 25 ℃时用 ASTM E595-15 标准测定的系数一致。物体表面的温度越高,污染物分子在物体表面停留的时间减少,沉积在物体表面的污染物就越少。在 25 ℃的条件下,污染物分子在物体表面停留时间为 1 年,那么在 60 ℃的条件下,它在物体表面停留的时间大约只有 2.5 天。于是可以假设,太阳能电池阵的黏滞系数远小于 0.1,可能要小几个数量级。太阳能电池阵的温度非常高,以至于没有污染物可以附着在其表面上。然而大量的试验数据表明,即使是温度较高的光照物体,其表面也容易受到污染。

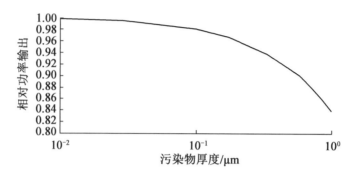

图3.9　太阳能电池的功率输出与污染物厚度之间的关系

由于存在着多种空间环境效应,因此在两种或多种空间环境效应之间就有可能发生协同作用。在轨道上运行的太阳能电池阵,由于光照的作用,其表面温度很高,对大多数污染物分子来讲,它们在太阳能电池阵表面停留的时间很短,以至于可以认为电池阵不会被污染。然而大量试验数据表明,紫外线会使本应洁净的物体表面受到污染。据推测,这是因为紫外线引起了分子间的聚合反应,使污染物分子沉积到了物体表面。现在认为,这种光化学物质的沉积过程就是使 GPS Block1 卫星上的太阳能电池阵输出功率明显降低的原因。因此,当暴露在太阳光下,即使是温度较高的物体表面,也会形成污染物沉积。光化学形成的污染物沉积速率随着分子到达速率的减小而增加。因此,即使出气速率随着时间而减小,光化学的黏滞系数以及沉积速率并不以相同的比例减小。因此,在出气速度达到极小值后的很长一段时间内,航天器仍然会面临光化学沉积所带来的污染问题。在航天器任务中,大部分出气过程需要很长一段时间才能停止,就所关注的污染而言,如果没有明显的消退迹象,则仍要关注污染对航天器的影响。

对推进器羽流的研究表明,推进器与轴线夹角大于90°时,它只会散射一小部分的喷射物质。一般地,在角度更大的情况下,散射的物质数量会小于喷射物质的 10^{-6} 倍。但这要视推进器的不同特殊设计而定。由于极有可能发生这种散射,因此设计者需注意,航天器的推进系统在点火过程中会把羽流污染物散射到灵敏感设备的表面。空间站的推进器经常使用肼单组分燃料或双组分燃料。轨道上的测量数据和实验室里的测量数据都表明,在高于-45 ℃的环境下,肼燃料的羽流不会形成表面沉积,水在-129 ℃时发生沉积,氨气在-167 ℃时发生沉积。肼推进剂羽流的沉积物不会对正常的航天器表面产生污染。应该关注的是,双组分燃料的羽流会形成更严重的污染。MMH 和 N_2O_4 不完全燃烧形成的双组分燃料羽流的主要成分是 $MMH-HNO_3$,其具有 20.48 kcal/mol 的活化能,因此是较低温度物体表面污染的主要来源。

由于航天器污染问题涉及多种材料,污染物特性复杂,污染物与航天器表面有交互作用,航天器附近有残留气体,航天器周围有中性和电离环境,航天器穿越光照区和阴影区时有温度变化等因素,因此对航天器污染的定量评估与建模非常复杂。

3.2.2　加工制造过程污染

在航天器的制造和加工过程中,一些体积微小的物体会不可避免地沉积在表面形成微粒污染。微粒污染与地面的空气质量、空气特性及表面暴露的时间相关,它是在制造、测试或发射过程中形成的,而不是在轨道运行过程中形成的。

单位体积内含有的微粒数可以表征空气质量的优劣,显然粒子数越少,空气越洁净。国际单位制中,统计直径大于或等于 $0.5~\mu m$ 的微粒数,用以 10 为底的每立方米含有的最多微粒数的对数来定义空气等级;在英制单位制中,空气等级是以每立方英尺空气中含有的最多微粒数来定义的,两种单位制下用粒子数 n 表示的空气浓度分别为

$$n_{SI} = 10^M \left(\frac{0.5}{d}\right)^{2.2}, \quad n_{IP} = N_c \left(\frac{0.5}{d}\right)^{2.2} \quad (3.11)$$

式中,下标 SI 和 IP 分别表示国际单位制和英制单位制;M 和 N_c 分别对应两种单位制中空气质量的数值表示;d 为用微米度量的微粒尺寸。

表 3.4 给出了部分空气质量范围。图 3.10 给出了空气中的微粒分布。

表 3.4　空气质量范围

国际单位	英制单位	0.4 μm 立方米	0.4 μm 立方英尺	0.5 μm 立方米	0.5 μm 立方英尺
M1		10.0	0.28	—	—
M1.5	1	35.3	1.00	—	—
M2		100	2.83	—	—
M2.5	10	353	10.0	—	—
M3		1 000	28.3	—	—
M3.5	100	3 530	100	—	—
M4		10 000	283	—	—
M4.5	1 000	35 300	1 000	247	7.00
M5		100 000	2 830	618	17.5
M5.5	10 000	353 000	10 000	2 470	70.0
M6		1 000 000	28 300	6 180	175
M6.6	100 000	3 530 000	100 000	24 700	700
M7		10 000 000	283 000	61 800	1 750

一般工业企业的空气质量指标可以是 M8 级(3 500 000)或更差一些,大多数航天器制造车间的空气质量要求室内清洁度达到 M5.5 级(10 000),组装灵敏光学仪器则需要空气质量为 M3.5(100)的层流工作台。

物体表面的清洁度水平可以用单位面积微粒数和分子薄层的厚度定义。分子污染物薄层也称为非挥发性残留物(Non Volatile Residue,NVR),是含有污染物的溶液经过过滤,并在特定温度下蒸发后得到的残留分子和物质微粒。NVR 可以用来衡量混合溶剂清洁物体表面时因没有挥发而残留的污染物,这是与 CVCM 定义的不同。CVCM 仅仅用来衡量物体表面污染物聚集的能力。CVCM 是出气物质的百分比,而 NVR 的单位为

mg/ft^2。表 3.5 给出了几种典型清洁度水平对应的微粒数量等数据。

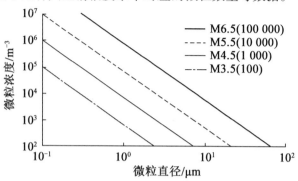

图 3.10　空气中的微粒分布

表 3.5　面清洁度水平

清洁度	微粒尺寸/μm	微粒数量/ft^{-2}	级别	分子 NVR/(mg·ft^{-2})
1	1	1	A	<1.0
5	5	1	B	1.0~2.0
10	5	3	C	2.0~3.0
	10	1		
25	5	23	D	3.0~4.0
	15	3		
	25	1		
50	5	165	E	4.0~5.0
	15	25		
	25	7		
	50	1		
100	15	265	F	5.0~7.0
	25	78		
	50	11		
	100	1		

用每平方英尺含有直径大于或等于 0.5 μm 的微粒的数量来表示微粒浓度 n，那么微粒浓度可以表示为

$$\lg n = C\left[(\lg x_1)^2 - (\lg x)^2\right] \tag{3.12}$$

式中，x 为粒子尺寸；x_1 为清洁度；C 为常数。

对于曾经暴露在空气中，随后又经过清理的物体表面，$C=0.926$；对于不洁净的物体表面，$C=0.383$。图 3.11 给出了物体表面不同清洁度水平的微粒分布。

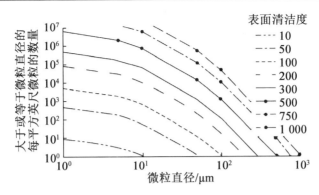

图 3.11 计算的表面微粒分布

微粒下降速率极大影响污染物沉积水平。下降速度用 24 h 内每平方英尺沉积的大于 5 μm 的微粒数量表示,即

$$\frac{\mathrm{d}n}{\mathrm{d}t} = p_{con} N_c^{0.773} \tag{3.13}$$

式中,p_{con} 是标准化系数,几种典型情况下的建议值见表 3.6。

表 3.6 微粒沉积标准化系数

空气特性	p_{con} 值
静止或低速空气(每小时换气次数<15)	28 510
标准洁净室(每小时换气次数为 15~20)	2 851
层流工作台(空气流速>90 ft/min)	578

一般沉积在垂直平面上(侧面)的微粒数量约是水平面上微粒数量的 1/10,而面向下平面上(下底面)的微粒数量约是面向上平面上微粒数量的 1/100。对式(3.13)积分,可以计算出一定时间内表面上沉积微粒数量的总和为

$$n = p_{con} N_c^{0.773} t \tag{3.14}$$

把式(3.14)代入式(3.12)中,可以得到在给定空气级别环境下,落到物体表面的微粒数量与物体暴露在空气中的时间之间的函数关系,此时表面清洁度可表示为

$$(\lg x_1)^2 = \lg(p_{con} N_c^{0.773} t)^{1/C} + (\lg x)^2 \tag{3.15}$$

当 $x = 5$ μm 时,只要知道了空气级别,就可以预测表面清洁度与暴露时间的关系,计算结果如图 3.12 所示。

表 3.7 列出了光学传感器在组装、试验和发射过程中可能会遇到的表面性能降低的情况。可以看到,除非在发射运行期间按计划进行表面清洁工作,否则仅仅做好日常保护(空气级别为 10 000)很难使航天器飞行前的表面清洁度水平值小于 1 000。要想让轨道上运行的航天器的污染度低于 1 000,就需要对很多细节给予更多的关注,如让航天器暴露在空气级别为 1 000 或更高等级的空气环境中。要想将航天器初始阶段的表面清洁度水平控制在 500 以下,则需要使用近乎苛刻的污染控制手段。为了理解实际光学部件的清洁度情况,可以参考哈勃望远镜清洁度水平,其为 950。

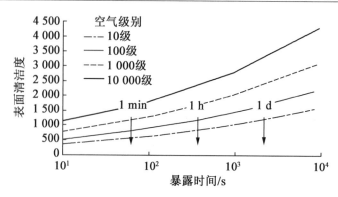

图 3.12　表面清洁度与暴露时间的关系

表 3.7　光学传感器遇到的表面性能降低

传感器所处阶段	暴露时间	空气级别 100	空气级别 1 000	空气级别 10 000
制造阶段	无	100	100	100
组装阶段				
焦平面集成	1 星期	170	363	525
组装测试	2 星期	220	450	650
安装外壳	1 星期	235	485	685
航天器集成	3 个月	325	645	900
试验阶段				
分系统测试	4 个月	380	735	1 020
热真空测试	1 个月	390	750	1 040
最终准备	1 个月	395	765	1 060
发射准备阶段				
检查/测试	1 星期	398	770	1 065
加注推进剂	1 星期	400	772	1 070
运载火箭出库	1 星期	402	776	1 073
火箭上安装	2 星期	405	782	1 081
准备发射	1 天	415	784	1 082
发射阶段				
升空	10 min	425	790	1 082
初始在轨检查				
仪器运行	2 星期	450	800	1 100

　　微粒对光学设备的污染引起了人们的关注。微粒使入射光线发生散射,影响光学设备的信噪比,或使探测器的离轴抑制受到限制,从而导致光学设备在使用过程中出现问题。同样,光学设备也可能对微粒产生误判,从而发出错误的信号。在空间轨道上的航

天器,一旦进行展开太阳能电池阵或抛掉整流罩等操作时,微粒就会从航天器上散落下来,这些微粒会在传感器的视野里停留数秒,并使设备要么无法清楚地测定指定目标,要么把它们误解为星体或微流星体。

根据能量和动量守恒定律,绝对光滑表面的入射角等于反射角。实际上不存在绝对光滑的物质表面,所有的光学设备都会由于裂纹、凹痕或者微粒污染而存在表面缺陷。这些缺陷产生的效应之一是入射角不等于发射角,且会散射一部分入射光。光学设备散射光线的多少可以用双向反射分布函数(Bidirectional Reflectance Distribution Function, BRDF)来进行测定,即用散射平面辐射率除以入射平面辐射率。BRDF 是波长、极化状态和入射角的函数,描述表面散射光的角分布。BRDF 的大小与物体表面的清洁度水平相关。当物体表面污染程度升高时,BRDF 也随之增大,这是因为每一个微粒都能让入射光偏离应有的反射角度。

BRDF 的大小与传感器的性能密切相关。点光源透射率(Point Source Transmittance, PST)就是一个反映传感器性能的指标。PST 可以定义为从轴外点光源传播到光学系统焦点上的那部分信号强度。BRDF 和 PST 之间的关系可表示为

$$PST = \frac{\pi}{4(L/d)^2} \frac{\cos\theta}{\theta^s} \left(1 - \frac{\theta}{\arctan L/d}\right) BRDF \qquad (3.16)$$

式中,L 为光学系统的焦距;d 为孔径;θ 为外法线与点光源的夹角;s 为取值在 1~2 的参数,通常的光学设备 $s=1$,超常抛光的镜片 $s=2$。

当空间传感器(如哈勃望远镜)指向一个光线较暗的星团时,这个星团处于太阳的边缘,这时从太阳到达焦平面的能量将是太阳总输出能量(1 个太阳常数 S_0)与传感器 PST 的乘积。为了让太阳的反射光不盖过从星团发出的微弱光亮,PST 值以及 BRDF 值要相当小,否则会对传感器本身造成损伤。这给太阳排斥角(即太阳和探测目标之间的最小夹角)和表面清洁度水平提出了双重要求。由于生产理想化的绝对光滑的物体表面很困难,所以,“绝对光滑”平面在 1°时的 BRDF 值很难低于 10^{-6}。1°的机械加工表面对应 BRDF 在 10^{-5}~10^{-3} 之间,而整套光学系统在 1°时 BRDF 约为 10^{-2}。BRDF 值要求将整个光学系统进行拆分,以便确定每一个单独表面所需要的清洁度。

航天器在地面操作过程中,微粒会沉积到表面上。但航天器在轨道上进行例行操作时,这些微粒可能会离开航天器的表面。在无人驾驶的航天器上,太阳能电池阵的展开、热胀冷缩、防护层的去除等都可能导致上述情况的发生。像航天飞机这样有人驾驶的航天器,通风和排水就会产生微粒。无论微粒来源于哪里,航天器在轨道上释放的微粒都可能会干扰光学测量设备。在航天飞机的第 2~4 次飞行过程中,光学设备采用的是具有 32°视野的光度计。据报道,在飞行初期的 13 h 里,有 9 种微粒出现在光度计的观察视野里;在轨道上运行约 24 h 后,进入到观察视野中的微粒数量逐渐衰减,直到达到一种平衡状态,这时轨道上进入视野大约有 500 个直径大于 10 μm 的微粒。其他的试验人员曾经报道,在执行空间实验室 2 号飞行任务时,前 4 h 里探测到的微粒数量有 1 100 个。微粒的移动速度很小,温度为 190~350 K。正如人们所料,微粒分布情况与在航天飞机准备性试验设备上观察到的结果相符。人们对微流星体与航天飞机的撞击进行了研究,发现数量很多的小微流星体可以很容易地使体积较大的微粒脱离航天飞机表面,但通常无法

去除亚微型的微粒。不常见的较大型的微流星体,则可以让航天飞机上较大和较小型的微粒都脱离表面。然而,由于超高速撞击的特点,撞击会使物体表面形成凹坑,坑中的物质反溅也会形成微粒。据预测,由于微流星体的作用,每天会有 $5.7×10^3$ 个直径大于 $5\ \mu m$ 的微粒从航天飞机表面脱离。相反,由于撞击形成的凹坑产生物质反溅,每天会产生 $6.9×10^5 \sim 1.4×10^7$ 个直径大于 $2\ \mu m$ 的微粒,以及 $2.0×10^5 \sim 3.3×10^5$ 个直径大于 $10\ \mu m$ 的微粒。如果再把由空间碎片撞击形成的微粒数量考虑进去的话,那么上述预测值将会明显增加。

微粒还有可能对物体表面的辐射性能产生影响。被污染的低温镜片,其外层表面的热辐射性能会比昏暗镜片光面的热辐射性能降低大约一半。这大体上表明,一般尘埃对物体表面的影响大约是完全"黑色"尘埃与表面完全作用效果的50%。如果尘埃数量足以改变辐射器辐射性能的话,则应对光学表面给予高度的关注,例如,在发射前就应当进行检测。

进行地面加工时,可以用化学清洗的方法清除大多数污染物分子薄层。尽管有些特定的污染物薄层,如含有硅成分的污染物薄层,是非常难以清除的。在航天器发射之前,常常用表面检测手段来确定物体表面的清洁度水平。对于在轨运行的航天器,加热表面是清除污染物分子薄层的唯一选择。化学清洗方法也可以清除物体表面大多数的污染物微粒。然而,对光学表面却不适用,通常禁止与光学表面直接接触,因为这样会破坏光学表面的光洁度或光学涂层。现在已经研究了多种非接触性清洗技术作为清除表面微粒污染的备用手段。把微粒黏附到物体表面的作用力在本质上是电子引力。在大气环境中,估计 $1\ \mu m$ 的玻璃粒子与晶片表面之间的吸引力为71%的表面张力($4.5×10^{-7}\ N$),22%的范德瓦耳斯力($1.4×10^{-7}\ N$),7%的电偶层力($3×10^{-8}\ N$),1%的静电力($1×10^{-8}\ N$)。一般来讲,粒子的黏附力会随着粒子的大小、形状和材料特性的不同而有很大的不同。在重力的作用下,一些粒子会脱落,而另一些粒子在 $1\ 000\ g$ 的作用下,依然会黏附在物体表面上。为了把微粒从表面清除下来,必须施加外力,来克服微粒与物体表面之间的黏附力。向物体表面吹气是人们经常使用的一个简单的方法。据报道,用大于 $103.44\ N/cm^2$ 压力的冷风机能够清除90%的 $10\ \mu m$ 大小的微型粒子。这种方法也可以清除体积更大一些的污染物微粒,但大多数结果表明,小于 $0.5\ \mu m$ 的污染物微粒清除起来非常困难。在半导体工业中,人们经常用超声波和百万倍声速扰动方法来清除灰尘,但这些方法显然并不适合大量清洗已装配好的光学设备。人们还对使用诸如电磁波、等离子体、电子束和离子束来清理污染物微粒的方法进行了研究。由于航天器在发射过程中很可能会受到再次污染,于是人们通常在完成航天器的清洗、包装并连接上过滤后的干氮清洗系统以后,再进行运送。灵敏设备储存时要表面向下,最大限度地减小微粒的沉积。

3.3 地面模拟试验

为了测定在轨道上运行的热控材料性能降低的程度,在航天器上安装了热量计。本质上讲,热量计就是一个在一定的温度范围内可调的热敏电阻。让取自于航天器的样品材料处于隔离状态,待其建立起热力平衡后,材料的温度就是比值。吸收比的相对不确定性取决于辐射、温度、太阳辐照度以及与周围物质耦合形成的热损失等因素的不确定性。

温度石英微天平(Quartz Crystal Microbalance, QCM)可以用来监测测试、发射和在轨阶段的污染物分子薄层的质量,它是通过比较两块石英晶体的共振频率来工作的。把一块石英晶体暴露在环境中,而另一块封闭起来,当暴露的石英晶体表面有沉积物时,它的共振频率就会发生改变。因此,通过检测共振频率的变化,可以推算出沉积物的质量。温度石英微天平能够测量出质量的毫微克级的变化。温度石英微天平的质量变化量可表示为

$$\frac{\mathrm{d}m}{\mathrm{d}t} = S_t A_{\mathrm{QCM}} \frac{\mathrm{d}f}{\mathrm{d}t} \tag{3.17}$$

式中, S_t 和 A_{QCM} 分别为温度石英微天平的灵敏度和表面积; f 为测试频率。

尽管有 ASTM E595-15 或 QJ 1558A—2012 作为标准的出气试验,但是出气过程与时间的对应关系,以及出气后形成的挥发性物质的黏性特性还无法确定。为了解决这些问题,还需要做更多的精确的试验。要研究空间环境下污染物薄层的颜色变深效应,还要进行其他补充性的试验。

3.4　设计指南

航天器设计人员在研制航天器时,可以利用各种各样的方法,使其不易受到紫外线造成的性能降低或污染作用的影响。要达到这个目的,显然首先是选择合适的材料,如选择对紫外线有抵抗能力,同时出气概率又较小的物质作为航天器材料,对飞行任务的成功具有举足轻重的作用。其次,设计时必须考虑自身产生污染的可能性,并采取有效措施把这种可能性降到最低。例如,航天器的通风口或推进器不要直接指向敏感物体的表面,以使直线污染最小。热控制分系统应该有足够的余量来应付飞行任务寿命期内可能出现的性能降低,还要考虑到对低温表面进行周期性加热的可能性,以便清除沉积的污染物。如果采取上述步骤还不能达到理想效果的话,就必须在地面上对许多材料进行预先热处理,以加快它的出气速度,从而减少这种材料在太空轨道上发生出气的概率。与此相似,在轨道飞行最初的几天,让敏感的光学设备处于高温和热隔离状态,就可以在出气过程进行时尽量减少污染。

思　考　题

1. 分别计算在 0 ℃、5 ℃、50 ℃温度条件下,满足 ASTM E595-15 要求,具有活化能 $E_a = 10$ kcal/mol 的重达 10 kg 的物体,在轨道飞行第一个星期里每天发生出气的物质质量。

2. 如果在 50 ℃时的出气物质通过直径为 2 cm 的圆孔直接排出,这个圆孔在 50 ℃时与阴影下的热控表面最近点的视角因子为 1×10^{-4},那么这个点上的物质沉积与时间的函数关系是怎样的?(假定污染物的密度是 1 g/cm³)

第4章　等离子体环境

航天器由于执行的任务不同,会经历不同的等离子体环境,如电离层、磁层、行星际太阳风,以及目标天体的电离层等。航天器和等离子体之间的相互作用会导致航天器表面充电及性能下降,如表面材料因受带电离子轰击和电弧放电而老化、剥蚀,材料再沉积而使表面污染增加以及航天器电子系统因静电放电而受到严重的干扰和破坏等。本章重点介绍等离子体特性、等离子体环境效应、航天器充电及减少充电现象的对策等内容。

4.1　等离子体物理基础

等离子体被认为是物质除固态、液态和气态之外的第四种状态。对物质进行加热会使固态物质转化为液态物质,继续加热可使液态物质转变为气态物质,提高更多能量加热气态物质就可形成等离子体态物质。当原子中的电子得到足够能量摆脱原子核的束缚时,中性原子就转变成了电子和正离子的混合物,且分离的电子不易与正离子重新结合。等离子体可以定义为由带电粒子组成的气体,其中,粒子与其相邻粒子之间的势能要小于粒子的动能。带电粒子的密度必须同时满足如下条件才能形成等离子体,即密度必须足够大,从而在统计学特性中,远距离粒子的库仑力成为重要因素,而且密度又必须小于一定值,使得相邻粒子间的库仑力远小于其他远距离粒子库仑力的总和。由于远距离粒子库仑力发挥了重要作用,因此等离子体呈现出聚集效应。等离子体具有导电性,又能对电磁场做出整体反应,且拥有相同数量的正、负带电粒子。在弱电离的等离子体中主要为电中性反应,而在强电离的等离子体中,库仑力占主导地位。

4.1.1　单粒子运动

在等离子体中,每个带电粒子都与周围很多带电粒子发生相互作用,带电粒子的运动引起局部的电荷集中,产生空间电荷场。电荷的运动产生电流,从而引起磁场。这些空间电荷场和磁场又影响远处其他带电粒子的运动。因此,等离子体中粒子的状态不仅取决于该粒子附近的局部条件,还取决于远离该粒子的等离子体状态。如果忽略等离子体粒子间的相互作用,则可以把等离子体看成大量独立的带电粒子的集合。对于稀薄等离子体,其中带电粒子的密度很低,粒子间的相互作用可以忽略,此时可以从单个带电粒子在电磁场中的运动出发,求得其在电磁场中的运动轨迹。

一个电荷为 q、速度为 v 的带电粒子在电场强度为 E、磁感应强度为 B 的电磁场中运动,运动方程为

$$m \frac{\mathrm{d}v}{\mathrm{d}t} = q(E + v \times B)$$

(4.1)

　　空间环境下电场强度和磁感应强度是位置矢量和时间的函数,上述方程是很难求解的非线性微分方程。以下考虑一种特殊的电荷运动状态,即电场强度和磁感应强度都是常数的情况。若磁场方向为 z 轴方向,则在不考虑电场作用时,运动方程的分量形式如下:

$$\begin{cases} m\,\dfrac{\mathrm{d}v_x}{\mathrm{d}t}=qBv_y \\[2mm] m\,\dfrac{\mathrm{d}v_y}{\mathrm{d}t}=-qBv_x \\[2mm] m\,\dfrac{\mathrm{d}v_z}{\mathrm{d}t}=0 \end{cases} \tag{4.2}$$

式中,下标 x、y、z 分别表示 3 个坐标轴方向。

　　解得

$$v_x=v_\perp\cos(\Omega t+\theta),\quad v_y=-v_\perp\sin(\Omega t+\theta),\quad v_z=v_\parallel=\text{const} \tag{4.3}$$

式中,下标 $\perp$ 和 $\parallel$ 分别表示垂直和平行于磁场方向;Ω 为回旋加速旋转角频率或 Larmour 频率,$\Omega=\dfrac{qB}{m}$。

　　显然,带电粒子平行于磁场方向的速度为常量。由于洛伦兹力垂直于粒子的运动速度,磁场不改变带电粒子的动能,所以垂直于磁场方向的速度大小亦保持不变。对速度进行积分,得到粒子运动轨迹方程:

$$x=\frac{v_\perp}{\Omega}\sin(\Omega t+\theta)+x_0,\quad y=\frac{v_\perp}{\Omega}\cos(\Omega t+\theta)+y_0,\quad z=v_\parallel t+z_0 \tag{4.4}$$

式中,θ、x_0、y_0 和 z_0 是由初始条件确定的常数。

　　进一步得到

$$(x-x_0)^2+(y-y_0)^2=r^2 \tag{4.5}$$

式中,r 为旋转半径或 Larmour 半径,$r=\dfrac{mv_\perp}{qB}$。

　　由以上关系式可知,带电粒子以角频率 Ω 在垂直于磁场的平面做旋转运动,且旋转半径为 r。同时,粒子还以速度 $v_\parallel$ 沿磁力线做匀速直线运动。综上所述,带电粒子在均匀磁场中沿磁力线做螺旋运动,螺线半径为 r,螺距为 $v_\parallel/\Omega$。

　　根据运动电荷在磁场中所受洛伦兹力的方向可知,从迎着磁场的方向看时,带正电荷粒子的旋转方向是顺时针的,电子的旋转方向是逆时针的。从回旋加速旋转频率公式可以看出,频率的大小与磁感应强度成正比,与粒子的质量成反比。在磁场一定时,电子旋转频率远远大于正离子旋转频率。

　　带电粒子在磁场中旋转运动形成环向电流,正负电荷旋转方向相反,但形成的电流方向是相同的。迎着磁场的方向看时,做旋转运动的带电粒子所形成的电流是沿着顺时针方向流动的,对于一个电荷而言,其电流大小的时间平均值为

$$I=q\,\frac{\Omega}{2\pi}=\frac{q^2B}{2\pi m} \tag{4.6}$$

　　大量带电粒子绕磁力线旋转,其总效应是形成一个环向电流,这个电流会产生感应磁场,感应磁场的方向正好与外磁场相反,它起着抵消外磁场的作用,其正电粒子在磁场作用下运动如图4.1所示。可以把等离子体看成磁介质,其中的每个小电流圈看成磁矩为 M 的磁偶极子,M 的大小等于电流 I 与电流圈围成面积 πr^2 的乘积。M 的方向与 B 相反,这些磁矩的总和产生一个与原磁场方向相反的附加磁场 B',所以称等离子体具有抗磁性。

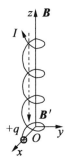

图4.1　正电粒子在磁场作用下运动

　　在没有磁场时,电场可以让带电粒子沿着电场方向无限地加速运动。如果电场和磁场同时存在,则带电粒子受到的作用力是各种作用力的矢量总和。假设一个带正电的试验粒子在恒定磁场 B 和小电场 E 同时存在的条件下向右运动,如图4.2所示。

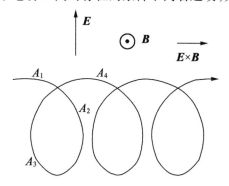

图4.2　带正电粒子在电磁场中运动

把电场分解为沿磁场和垂直于磁场的分量,即

$$E=E_\perp+E_\parallel \tag{4.7}$$

$E_\parallel$ 使粒子沿磁力线做匀加速运动,经过一段时间后,沿磁力线运动的速度可以达到相当大。正负电荷沿相反的方向运动,一方面会引起较大尺度的电荷分离,产生很大的电场;另一方面,粒子速度较大,会产生较大的宏观电流,进而产生感应磁场,从而改变原来的磁场形态,以致单粒子运动理论不适用。基于以上原因,以下讨论只考虑 $E_\parallel$ 为零的情况。

　　已知无电场作用时,带电粒子在垂直于磁场的平面内做回旋加速旋转运动。当存在电场时,电场力将改变带电粒子的运动轨迹。根据图4.2所示,粒子向下运动时,如由 A_1 向 A_2 方向运动时,电场使粒子做减速运动,不断减小的速度使得旋转半径也不断减小,达到底部时,旋转半径最小;粒子向上运动时,如由 A_3 向 A_4 方向运动时,电场使粒子做加速运动,不断增大的速度使得旋转半径也不断增大,到达顶部时,旋转半径最大。粒子如此重复做变旋转半径的运动,因此走完一周后的粒子并没有回到原来的位置,总效果是旋转中心向右漂移了一段距离。所以电场的存在使粒子向右边有一个漂移速度,漂移方向与磁场方向垂直。

考察粒子在垂直于磁场方向的运动。带电粒子运动方程的分量形式为

$$v_x = v_\perp \cos(\Omega t + \theta) + \frac{E}{B}, \quad v_y = -v_\perp \sin(\Omega t + \theta) \tag{4.8}$$

从式(4.8)中可看到,电场产生了一个既垂直于磁场又垂直于电场的漂移速度 E/B。带电粒子在垂直于磁场方向的牛顿运动方程为

$$m \frac{\mathrm{d}\boldsymbol{v}_\perp}{\mathrm{d}t} = q(\boldsymbol{E} + \boldsymbol{v}_\perp \times \boldsymbol{B}) \tag{4.9}$$

选取一个惯性参考系 Ψ,它的运动速度为 $\boldsymbol{v}_d$。带电粒子在参考系 Ψ 下的速度为

$$\boldsymbol{v}'_\perp = \boldsymbol{v}_\perp - \boldsymbol{v}_d \tag{4.10}$$

粒子感受到的电场为零,即

$$\boldsymbol{E}' = \boldsymbol{E} + \boldsymbol{v}_d \times \boldsymbol{B} = 0 \tag{4.11}$$

式(4.11)右侧叉乘 $\boldsymbol{B}$,并由矢量关系

$$(\boldsymbol{a} \times \boldsymbol{b}) \times \boldsymbol{c} = \boldsymbol{b}(\boldsymbol{a} \cdot \boldsymbol{c}) - \boldsymbol{a}(\boldsymbol{b} \cdot \boldsymbol{c}) \tag{4.12}$$

得到带电粒子在电磁场作用下的漂移速度为

$$\boldsymbol{v}_d = \frac{\boldsymbol{E} \times \boldsymbol{B}}{B^2} \tag{4.13}$$

在 $\boldsymbol{v}_d$ 小于光速的情况下,参考系 Ψ 总是存在的。从式(4.13)可以看到,漂移速度 $\boldsymbol{v}_d$ 只与磁场和电场有关,与带电粒子的电荷符号、质量、能量无关。对于正电荷和负电荷,漂移速度的方向都相同,因此不会引起电荷分离,电场漂移不会产生电流。

如果 $\boldsymbol{F} \cdot \boldsymbol{B} = 0$,用一般力 $\boldsymbol{F}$ 代替电场力 $q\boldsymbol{E}$,就可把上述结果推广到其他力场。此时,漂移速度为

$$\boldsymbol{v}_d = \frac{\boldsymbol{F} \times \boldsymbol{B}}{q B^2} \tag{4.14}$$

当电磁场空间分布不均匀或随时间变化时,带电粒子在电磁场中的运动方程是非线性的,在一般情况下难以求得解析解,通常必须采用复杂的数值积分方法获得近似解。当磁场很强且随时间空间变化缓慢时,就不需要经过数值积分得到近似解。在多数实验室等离子体和天体等离子体中,场是近似恒定和均匀的,至少在粒子绕磁场一周的距离和时间尺度内是这样的。

考虑一个带电粒子在 $+z$ 轴方向不断增强的磁场中的运动。在柱坐标系 (r, θ, z) 中,任意时间在粒子上的作用力为

$$\begin{cases} F_r = q v_\theta B_z \\ F_\theta = -q(v_r B_z - v_z B_r) \\ F_z = -q v_\theta B_r \end{cases} \tag{4.15}$$

式(4.15)中假定了磁场具有轴对称性,即 $B_\theta=0$。F_θ 产生了前面提到的回旋加速旋转作用,F_r 产生径向漂移作用。根据柱坐标系下的麦克斯韦方程 $\nabla \cdot \boldsymbol{B}=0$ 得到

$$\frac{1}{r}\frac{\partial}{\partial r}rB_r+\frac{\partial B_z}{\partial z}=0 \tag{4.16}$$

∇ 为梯度算子。沿旋转半径积分式(4.16)有

$$rB_r=-\int_0^r r\frac{\partial B_z}{\partial z}\mathrm{d}r \tag{4.17}$$

若磁感应强度变化缓慢,在一个回旋截面上 $\frac{\partial B_z}{\partial z}$ 近似不变,即与 r 无关,并且 $\frac{\partial B_z}{\partial z}\approx\frac{\partial B}{\partial z}$,于是式(4.17)简化为

$$B_r=-\frac{r}{2}\frac{\partial B}{\partial z} \tag{4.18}$$

由此得到 z 方向作用力为

$$F_z=\frac{qv_\theta r}{2}\frac{\partial B}{\partial z} \tag{4.19}$$

如果作用力的大小取一次旋转后的平均值,旋转半径 $r=\frac{mv_\perp}{qB}$,对于正电荷 $v_\theta=-v_\perp$,则有

$$F_z=-\frac{mv_\perp^2}{2B}\frac{\partial B}{\partial z} \tag{4.20}$$

如果粒子移向了磁感应强度稍弱或稍强的区域,尽管它的旋转半径会有所改变,但它的磁矩 M 会保持不变,即

$$M=\frac{mv_\perp^2}{2B} \tag{4.21}$$

将其代入式(4.20),且由于 $F_z=m\dfrac{\mathrm{d}v_z}{\mathrm{d}t}$,得到

$$m\frac{\mathrm{d}v_z}{\mathrm{d}t}=-M\frac{\partial B}{\partial z} \tag{4.22}$$

式(4.22)左右两边分别乘以 v_z 和 $\mathrm{d}z/\mathrm{d}t$,有

$$mv_z\frac{\mathrm{d}}{\mathrm{d}t}=\frac{\mathrm{d}}{\mathrm{d}t}\frac{mv_z^2}{2}=\frac{\mathrm{d}}{\mathrm{d}t}\frac{mv_\parallel^2}{2} \tag{4.23}$$

$$-M\frac{\partial B}{\partial z}\frac{\mathrm{d}z}{\mathrm{d}t}=-M\frac{\mathrm{d}B}{\mathrm{d}t} \tag{4.24}$$

由于 $v_z=\dfrac{\mathrm{d}z}{\mathrm{d}t}$,所以 $\dfrac{\mathrm{d}}{\mathrm{d}t}\dfrac{mv_\parallel^2}{2}=-M\dfrac{\mathrm{d}B}{\mathrm{d}t}$。根据磁矩的关系式,有

$$\frac{\mathrm{d}}{\mathrm{d}t}\frac{mv_\perp^2}{2}=\frac{\mathrm{d}}{\mathrm{d}t}MB \tag{4.25}$$

考虑到磁场不改变带电粒子动能,即

$$\frac{\mathrm{d}}{\mathrm{d}t}\left(\frac{mv_{\parallel}^2}{2}+\frac{mv_{\perp}^2}{2}\right)=0 \tag{4.26}$$

由此得到

$$-M\frac{\mathrm{d}B}{\mathrm{d}t}+\frac{\mathrm{d}}{\mathrm{d}t}MB=0 \tag{4.27}$$

因此, $\mathrm{d}M/\mathrm{d}t=0$ 或 M 为常数。当粒子在磁感应强度更大的区域里运动时,要保持 M 为常数,则它的 $v_{\perp}$ 必须随之增大, $v_{\parallel}$ 必然降低。如果 B 值足够大, $v_{\parallel}$ 将为零,粒子将被原路反射,这个过程称为磁镜,它也是在磁感应强度较弱的区域捕获粒子的原因。实验室中各种等离子体融合试验常采用此过程,它也是图 4.3 所示的地球磁场捕获辐射带示意图的原因。从理论上讲,粒子可以永久地被捕获在磁感应强度较弱的区域里。而实际上,碰撞后的散射运动使粒子的速度矢量方向与磁场方向一致,于是粒子没有了磁矩,也就能摆脱磁场束缚了。

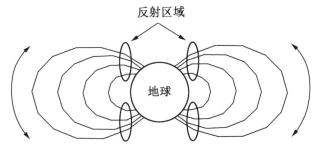

图 4.3　地球磁场捕获辐射带示意图

4.1.2　德拜屏蔽

等离子体中有大量正负电荷,宏观上可看作电中性的。由于电荷的同性相斥和异性相吸规律,任一个带电粒子总是被一些异性粒子包围如图 4.4 所示,所以它的电场只能作用在一定的距离 λ_D 内,超过 λ_D ,基本上就被周围异性粒子的电场所屏蔽,这个距离为德拜长度,又称德拜屏蔽距离。德拜长度是等离子体的特征长度,反映了等离子体中一个重要的特性,即德拜屏蔽效应。

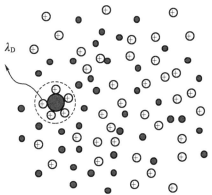

图 4.4　德拜屏蔽距离示意图

没有等离子体时,电量为 Q 的物体在 r 处的库仑势为

$$V(r) = \frac{Q}{4\pi\varepsilon_0 r} \qquad (4.28)$$

式中,ε_0 为介电常数。

如果物体旁边出现了等离子体,则等离子体中与物体电荷极性相反的部分会被吸引到物体上。假设带正电荷 Q 的离子位于坐标原点。为叙述方便,在下文不产生歧义的情况下,离子均指正离子。在热力学平衡状态下,由于静电力作用,离子将吸引电子,排斥正离子,因此离子周围出现过量的负电荷。随着距正电荷 Q 的距离 r 增大时,过剩电荷逐渐减小到零。令 n_i 和 n_e 分别表示局域离子和电子的数量密度,电荷密度 $\rho(r) = e(n_i - n_e)$,e 为单位电荷。在极远非扰动区域,$n_i = n_e = n_0$,n_0 为等离子体数量密度。正电荷周围电势 $V(r)$ 与电荷密度 $\rho(r)$ 满足泊松方程:

$$\nabla^2 V(r) = -\frac{\rho(r)}{\varepsilon_0} \qquad (4.29)$$

假设等离子体(气体)在温度为 T 时处于热平衡状态。根据玻耳兹曼分布规律可知,理想气体在受保守外力(如重力场、电场等)作用时,处于热平衡态下的气体分子按能量的分布有如下关系:

$$n_1 = n_2 \exp\left(-\frac{E_1 - E_2}{k_B T}\right) \qquad (4.30)$$

式中,n_1、n_2 分别表示温度为 T 的系统中处于粒子能量为 E_1 的状态与能量为 E_2 的状态的粒子数;k_B 为玻耳兹曼常数。

当等离子体接近正电荷时,电子将得到能量 $eV(r)$,而离子将失去能量 $eV(r)$。由玻耳兹曼分布得到

$$n_i(r) = n_0 \exp\left[-\frac{eV(r)}{k_B T_i}\right], \quad n_e(r) = n_0 \exp\frac{eV(r)}{k_B T_e} \qquad (4.31)$$

式中,下标 i 和 e 分别表示离子和电子。

温度是平衡态的参量,因为电子和离子的质量相差悬殊,二者通过碰撞交换能量的过程一般比较缓慢,所以在等离子体内部首先是各种带电粒子成分各自达到热力学平衡状态,这时就有电子温度 T_e 和离子温度 T_i。只有当等离子体整体达到热力学平衡状态后,它们才有一致的等离子体温度。在离正电荷足够远的位置有 $eV(r) \ll k_B T_p$,其中 $p = i$,e,对上式进行泰勒级数展开,保留一次项有

$$n_i(r) = n_0\left[1 - \frac{eV(r)}{k_B T_i}\right], \quad n_e(r) = n_0\left[1 + \frac{eV(r)}{k_B T_e}\right] \qquad (4.32)$$

电荷密度为

$$\rho(r) = e[n_i(r) - n_e(r)] = -\frac{e^2 n_0(T_i + T_e)}{k_B T_i T_e} V(r) \qquad (4.33)$$

由此得到

$$\frac{1}{r^2}\frac{d}{dr} r^2 \frac{dV(r)}{dr} = \frac{1}{\lambda_D^2} V(r) \qquad (4.34)$$

式中,λ_D 为德拜长度,$\lambda_D = \left[\dfrac{\varepsilon_0 k_B T_i T_e}{e^2 n_0(T_i + T_e)}\right]^{\frac{1}{2}}$。

电子和离子间的德拜长度由下式定义为

$$\lambda_p = \left(\frac{\varepsilon_0 k_B T_p}{n_0 e^2} \right)^{1/2} \tag{4.35}$$

式中,下标 $p = i, e$。

将介电常数、玻耳兹曼常数、单位电荷常数代入式(4.35),可得到近似结果为

$$\lambda_p \approx 69 \left(\frac{T_p}{n_0} \right)^{1/2} \tag{4.36}$$

在近似计算中,也可以认为离子是不动的,它们仅构成密度均匀的正电荷背景,此时 $n_i(r) = n_i$,德拜长度为

$$\lambda_D = \left(\frac{\varepsilon_0 k_B T_e}{n_e e^2} \right)^{1/2} \tag{4.37}$$

进一步,泊松方程的通解为

$$V(r) = \frac{A}{r} \exp\left(-\frac{r}{\lambda_D} \right) + \frac{B}{r} \exp\frac{r}{\lambda_D} \tag{4.38}$$

式中,A 和 B 为常数,由边界条件 $\lim_{r \to \infty} V(r) = 0$ 和 $\lim_{r \to 0} V(r) = \frac{Q}{4\pi\varepsilon_0 r}$ 确定,因此有

$$V(r) = \frac{Q}{4\pi\varepsilon_0 r} \exp\left(-\frac{r}{\lambda_D} \right) \tag{4.39}$$

这里得到的 $V(r)$ 也称为德拜势。可以看到,在有等离子体时,电量为 Q 的物体在 r 处的电势等于无等离子体时的库仑势与一个衰减因子的乘积。随着距离的增加,德拜势的下降比库仑势快得多。在距离带电粒子为德拜长度的球面,亦即德拜球面上各点,电势已降低到库仑势的 $1/e$,在球外基本上不存在,所以在等离子体内部一个电荷产生的静电场被附近其他电荷屏蔽,其影响不超过德拜半径的范围。因此,德拜长度的物理意义为:是静电作用的屏蔽半径;是局域性电荷分离的空间尺度。在德拜球内,正负电荷是分离的,球内各点正负电荷的密度不同。若使电离气体成为宏观电中性等离子体,仅当它的空间限度远大于德拜长度时,才能成为等离子体。空间环境等离子体典型的德拜长度见表4.1,表中星际介质是指在银河星系内的等离子体,星系际介质是指星系之间的等离子体。

表 4.1 等离子体的特性参数

等离子体	电子数密度/m⁻³	电子温度/K	德拜长度/m	等离子体频率/Hz
地球 300 km	5×10^{11}	1 500	0.003	6.3×10^6
地球 1 000 km	8×10^{11}	5 000	0.012	2.5×10^4
地球同步轨道	10^7	10^7	49	2.8×10^4
地球磁层	10^7	2.3×10^7	74	2.8×10^4
太阳风	10^6	120 000	17	9.0×10^3
星际介质	10^5	7 000	13	2.8×10^3
星系际介质	1	10^7	1.5×10^5	9.0

例 4.1   在太阳一般周期条件下,计算 300 km 高的空间轨道上德拜长度的近似值。

解   在 300 km 的高度,电子温度约为 1 500 K,电子密度约为 5×10^{11} m^{-3}。由此得到德拜长度的近似值为

$$\lambda_e \approx 69\left(\frac{T_e}{n_e}\right)^{1/2} = 69\times\left(\frac{1\ 500}{5\times10^{11}}\right)^{1/2} = 0.38(\text{cm})$$

等离子体具有一个特性,就是集体运动。如果等离子体中的一小部分粒子发生位移,那么这部分粒子施加到其他粒子上的静电力,将使整个等离子体产生集体运动。设定厚度为 L 的平板状等离子体,电子被移动到远离离子 δ 长度的地方如图 4.5 所示。在平板两侧面形成密度为 $\pm n_e e\delta$ 的面电荷。电荷隔离的结果是产生了强度为 $n_e e\delta/\varepsilon_0$ 的电场,电场可以把电子拉回到离子旁边(由于离子的质量更大,因此它们处于相对静止的状态)。电子将加速回到平衡位置,但动量会使它们超过平衡位置,超过的距离为 δ。等离子体会以这种方式按初始频率振荡,这种频率称为等离子体频率。

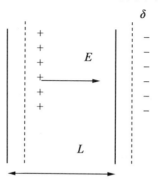

图 4.5   等离子体运动

设电子的质量为 m_e,不考虑外磁场时,电子的运动方程为

$$m_e n_e L \frac{\mathrm{d}^2\delta}{\mathrm{d}t^2} = -\frac{n_e e\delta}{\varepsilon_0} e n_e L \tag{4.40}$$

化简得到如下振荡方程:

$$m_e \frac{\mathrm{d}^2\delta}{\mathrm{d}t^2} + \frac{n_e e^2\delta}{\varepsilon_0} = 0 \tag{4.41}$$

由此得到振荡角频率为

$$\omega_{\text{pe}} = \left(\frac{n_e e^2}{m_e \varepsilon_0}\right)^{1/2} \tag{4.42}$$

相应的线频率亦即等离子体频率 $f_{\text{pe}} = \dfrac{\omega_{\text{pe}}}{2\pi}$。将电子质量、介电常数等数值代入,可得到等离子体频率近似为

$$f_{\text{pe}} = \frac{1}{2\pi}\left(\frac{n_e e^2}{m_e \varepsilon_0}\right)^{1/2} \approx 9 n_e^{1/2} \text{ Hz} \tag{4.43}$$

以上讨论了等离子体中电子振荡情况,同样的方法也可以讨论离子振荡。等离子体对电磁力的集体响应能力,使得无线电波能够接触到视线以外的地方。如果把一束有适

当频率的无线电波对准等离子体,则等离子体将以相同的频率振荡,还会把无线电波以相同的频率反射回地面。根据这一原理,可利用地面雷达来测量轨道高度上的电子密度。

4.2　等离子体环境效应

宇宙中超过 99% 的物质都是等离子体,非等离子体物质只有 1%。幸运的是,人类恰好就生活在宇宙中非常稀少的非等离子体物质上。地球周围大多数的轨道环境都处于等离子体状态,因此进入等离子体环境的航天器可能具有很高的电位。处于等离子体环境中的航天器,由于表面材料导电性的差别,因此导体和绝缘体有不同的电位。如果电位差达到足够大时,则物体表面会发生电弧放电并形成物理性损坏,使航天器的分系统遭到永久性的损坏,还可能产生电磁干扰,从而影响灵敏电子设备的正常运行。由于电弧放电可能产生的灾难性后果,所以人们特别关注等离子体环境下的电弧现象。

在低地球轨道上,太阳紫外线使大气层周围的氧气和氮气发生电离,形成等离子体。因为离子的质量与中性原子的质量基本上相同,所以它们的温度也与中性原子的温度大体一致。在 600 km 以下的大气层中,主要的反应机理是光致电离过程,因此这一区域也称为电离层。在早期对电离层的研究中发现了大气层周围存在等离子体,并把这个诱发的电场称为 E 层,后来在 E 层上下也发现了等离子体,E 层之上出现的电离层称为 F 层,之下出现的称为 D 层。等离子体浓度峰值出现在电离层的 F 层,高度约为 300 km。电离层会引起电磁波的折射和弯曲。在存在不同分层的等离子体中,电子密度增加时,电磁射线将会偏离法线方向;电子密度减少时,又会转向法线方向。与无电离层时的传输相比,电离层的存在增加了电磁波的传播路径。此外,由于电离层可以反射电磁波信号,因此信号也可以在水平方向的地球表面两点之间进行弯曲传播,这样就能拓展航天器的信号接收范围,反射的频率与电离层电子密度分布有关。太阳的紫外线辐照直接影响等离子体的形成,太阳辐射强度和大气成分决定了电离程度,即等离子体与太阳活动剧烈程度、一天内不同时间段和经纬度等因素有关。从白天到黑夜、从一个地方到另一个地方,以及在太阳或地磁活动发生巨大改变等情况下,等离子体浓度会有剧烈变化,如图 4.6 所示。

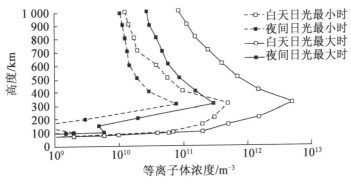

图 4.6　不同日照条件下 LEO 的等离子体浓度

在 600 km 以上的高空,一部分等离子体是由光致电离过程形成的,另一部分是从其他区域漂移过来的。在 1 500 km 以上的高空,离子的比例要远远大于中性原子的比例,于是把这部分区域称为磁层,因为在那里磁场控制着粒子的运动。图 4.7 给出了高空的等离子体密度。

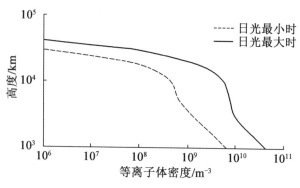

图 4.7　高空的等离子体密度

LEO 的德拜长度大概在厘米量级,航天器附近存在大量的等离子体粒子,这些粒子将在不同的充电表面之间形成导电路径,从而中和带电表面。在地球同步轨道(GEO)上的德拜长度则达到数十米量级,大量扰动的等离子体产生了一个复杂的干扰环境,将产生尾流耗尽效应,从而导致表面充电。另外,航天器出气后形成的小部分中性分子,在距离航天器几个德拜长度的距离内,经太阳紫外线的照射而发生电离。如果航天器带负电荷,则这些离子会重新被吸附到灵敏物体的表面。在高一些的轨道上,那里的德拜长度更长一些,附着在航天器任一部位的污染物中,重新吸附上去的污染物占有很大的比例。在 LEO 轨道上,污染物的二次吸附并不严重。

充电是空间等离子体在航天器表面产生的带电现象。早在 20 世纪 50 年代,火箭上的仪器首次证实了航天器在运行高度上会产生充电现象。航天器充电现象给早期航天器带来的危害包括暂时中断正常运行,甚至是致命性故障。航天器充电取决于空间环境特性,包括航天器光照位置或日食位置、太阳活动情况、地磁活动情况和太阳电子通量密度等。能量在 keV 级的空间等离子体环境中,电子在材料中的射程为几十微米,离子的射程更短,因此等离子体与材料作用的物理过程主要限于材料表面。

研究表面充电状态可以针对一个放置于等离子体中的探针,从电荷到探针表面的积累、平衡以及表面作用物理过程开始,建立充电的基础理论。充电的基本过程可用充电方程描述。一个面元的充电过程满足

$$\frac{\partial Q}{\partial t} = -I_{\text{net}} \tag{4.44}$$

式中,Q 为表面电量;I_{net} 为流入表面的净电流。

对于稳态或平衡态,充电的净电流必须为零。对于给定卫星表面,入射到表面的电子电流 I_{e} 和离子电流 I_{i}、电子和离子分别引起的二次电子电流 I_{se} 和 I_{si}、带电粒子束或推进器离子流等主动电流源 I_{b}、光子辐照引发的光电流 I_{p},以及流到其他表面的电流或流经该表面的电流 I_{s} 达到平衡态,即 $I_{\text{net}} = 0$ 的电流平衡方程为

$$I_e - (I_i + I_{se} + I_{si} + I_b + I_p + I_s) = 0 \tag{4.45}$$

式中,法线矢量正向定义为正电流方向。例如离子流向表面,与表面法线矢量反平行,所以 I_i 是负号。

航天器充电建模的关键是求解以上电流平衡方程,得到满足净电流为零的表面电位 V_s,基本问题是在泊松方程和弗拉索夫方程约束下求解该方程。泊松方程为

$$-\varepsilon_0 \nabla^2 V = e(n_i - n_e) \tag{4.46}$$

弗拉索夫方程为

$$\boldsymbol{v} \cdot \nabla f_p - \frac{q_p}{m_p} \nabla V \cdot \nabla_v f_p = 0 \tag{4.47}$$

式中,下标 $p=i,e$,i 和 e 分别表示离子和电子;f_p 为离子及电子的速度空间分布函数;n_e 和 n_i 分别为局域电子密度及离子密度,$n_p = \int f_p \mathrm{d}v$;$\nabla$ 和 ∇_v 分别是位置空间和速度空间的梯度算符。

弗拉索夫方程是与时间无关的无碰撞玻耳兹曼方程,因为即使在 LEO 轨道,碰撞频率也很低。已经发展了复杂的算法来求解上述方程。在确定电流平衡假设的有效性时,需要考虑该假设适用的时间尺度问题。根据基本的静电因素可以给出这些时间尺度的数量级估计。假设卫星是一个半径为 R 的导电球体,电容为 C,相对于地球磁层空间的导电球体充电时间为

$$\tau \approx \frac{C V_s}{4\pi R^2 J_a} \tag{4.48}$$

式中,$J_a \sim 0.5\ \mathrm{nA \cdot cm^{-2}}$ 为环境电流密度;卫星表面电位 $V_s \sim 1\ \mathrm{kV}$;若半径 R 在 1 m 量级,则 $\tau \approx 2\ \mathrm{ms}$,即金属表面充电时间在毫秒量级。

通常卫星在导电衬底表面都覆盖有薄的热控介质材料。对于面积为 A、厚度为 d 的电介质电容可以估计为 $C_D \propto A/4\pi d$,则充电时间为

$$\tau_D \approx \frac{C_D V_s}{A J_a} \approx 1.6\ \mathrm{s} \tag{4.49}$$

对于介质表面与衬底之间存在大的电容,其充电时间常数可达分钟量级,因此每分钟旋转数转、表面为绝缘介质的卫星可能永远达不到充电平衡状态。

如果德拜长度 λ_D 与卫星尺寸相比较小,则宜采用薄鞘近似;而对另一极端情况,则采用厚鞘近似更合适。薄鞘和厚鞘是从航天器影响周围等离子体或被其屏蔽的范围相对于航天器尺度的角度而言的。这个问题通常简化为确定 λ_D 与航天器半径相比是大还是小。对于 LEO 轨道 1 m 量级半径的航天器,一般薄鞘近似是合适的;对于 GEO 航天器,一般厚鞘近似是恰当的。

考虑一个大尺寸结构,德拜长度显著小于其表面曲率半径 R_s,此时可以考虑薄鞘近似。假设在表面 $X=R_s$ 的电位是 V_s,表面相对鞘层尺度而言可视为平板,薄鞘模型坐标系如图 4.8 所示。在离开表面 $y=X-R_s$ 处,对于被吸引粒子,泊松方程变为

$$\frac{\mathrm{d}^2 V}{\mathrm{d} y^2} = -\frac{q n(y)}{\varepsilon_0} \tag{4.50}$$

电流连续性方程变为

$$j = qn(y)v(y) = \text{const} \tag{4.51}$$

式中，j 为电流密度；$n(y)$、q 和 $v(y)$ 分别为被吸引粒子的数密度、电荷及速度。

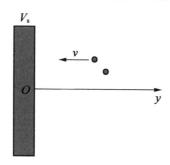

图 4.8　薄鞘模型坐标系

如果被吸引粒子从远离平板的零能量出发，在向平板表面加速过程中无碰撞，那么根据能量守恒有

$$\frac{1}{2}mv^2(y) + qV(y) = 0 \tag{4.52}$$

将式（4.51）、式（4.52）与式（4.50）联立得到

$$\frac{\mathrm{d}^2 V}{\mathrm{d}y^2} = \frac{j}{\varepsilon_0(-2qV/m)^{1/2}} \tag{4.53}$$

通过 $y=S$ 时，$V=0$ 和 $\mathrm{d}V(y)/\mathrm{d}y=0$ 可确定鞘层的厚度，这就是空间电荷限制假设。此时，表面上方的空间电荷将发自表面的电场屏蔽了，以至于在某点（$y=S$）电场趋于 0。将式（4.53）积分，并利用 $y=0$ 处 $V=V_s$ 有

$$j = \frac{4\varepsilon_0}{9}\left(\frac{2q}{m}\right)^{1/2}\frac{|V_s|^{3/2}}{S^2} \tag{4.54}$$

这就是著名的空间电荷限制条件下的蔡尔德定律，它将流向给定电位表面的电流与鞘层尺寸 S 联系起来。对于此处考虑的一维问题，在离表面足够远处，电流密度等于周围等离子体的热电流，于是，若电流密度按如下定义，鞘层厚度 S 可自洽求解：

$$j = j_0 = K^* q n_0 (k_{\mathrm{B}}T/m)^{1/2} \tag{4.55}$$

式中，$(2\pi)^{-1/2} \leqslant K^* \leqslant 1$。

对于远场麦克斯韦分布 $j_0 = qn\bar{v}/4$，有 $K^* = (2\pi)^{-1/2}$；对于能量为 $E_0 = k_{\mathrm{B}}T/2$ 的单能分布 $j_0 = qn(2E_0/m)^{1/2}$，有 $K^* = 1$。进一步，利用德拜长度定义得到

$$S = \frac{2\lambda_{\mathrm{D}}}{3}\left(\frac{2^{1/2}}{K^*}\right)^{1/2}\left(\frac{|qV_s|}{k_{\mathrm{B}}T}\right)^{3/4} \tag{4.56}$$

既然鞘层厚度至少是德拜长度的量级，该表达式需要满足 $|qV_s|/k_{\mathrm{B}}T \gg 1$，上述关系式是在假设忽略被排斥粒子的情况下得到的，这是因为被排斥粒子密度约为 $\exp(-|qV_s|/k_{\mathrm{B}}T)$，远小于 1。式（4.56）中 S 有时称为蔡尔德长度。该方程意味着在高偏压情况下，表面电场向外延伸的距离 $\lambda_{\mathrm{D}}(|qV_s|/k_{\mathrm{B}}T)^{3/4} \gg \lambda_{\mathrm{D}}$。对于平板假设也必须满

足 $S \ll R$。鞘层厚度决定着电荷收集区域,对确定给定电位下探针的最大收集电流十分重要。初始在电流很小时,鞘层 S 与表面间的电势差呈线性变化,随着电流增大,电势差分布剖面向外鼓起,特别在 $y = S$ 处最为显著,一旦达到空间电荷限制极限,S 处的电场就变为零。如果进入系统的电流继续增加,则 $y = S$ 处的电场就会反向并对电流排斥,不再允许电荷进入。因此,满足空间电荷限制条件的电流也是一定鞘层尺寸下流向表面的最大电流。反过来,如果电流密度被远场电流限定,则鞘层厚度也可由蔡尔德定律确定。需要注意的是,在推导平板模型下的蔡尔德定律过程中,忽略了鞘层区的被排斥粒子,尽管如此处理对鞘层本身有时是合理的,但在鞘层外是不成立的,如果包含被排斥粒子,则电流密度也需要进行修正。

前面关于薄鞘的理论中,假设鞘层效应主导了卫星的收集电流,强调泊松方程和卫星周围空间电荷的影响,在另一极端情况下,即厚鞘情况下,鞘层和空间电荷被忽略,从而满足拉普拉斯方程,亦即泊松方程右边项为零。从实际应用角度,就转化为假设 $\lambda_D \gg R$。对吸引粒子,入射表面的电流主要考虑粒子运动轨迹,如图 4.9 所示。对球形对称情况,能量和动量守恒意味着对于从无穷远处到达卫星的吸引粒子,有

$$\frac{1}{2}mv_0^2 = \frac{1}{2}mv_R^2 + qV_s \tag{4.57}$$

$$mR_i v_0 = mR_s v(R_s) \tag{4.58}$$

式中,v_0 为周围环境中被吸引粒子的速度;V_s 为表面电位。

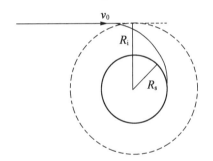

图 4.9 厚鞘模型中粒子运动轨迹示意图

对于半径为 R_s 的卫星,只有 $R < R_i$ 的粒子才能进入半径 R_s 范围,所以粒子的碰撞参数为 $R = R_i$。求解碰撞参量,得到

$$R_i^2 = R_s^2 \left(1 - \frac{2qV_s}{mv_0^2}\right) \tag{4.59}$$

$R_i - R_s \approx R_i$ 等效于薄鞘理论中定义的鞘层厚度 S,因为它也是可以从中收集粒子的区域尺寸。对于单能粒子束,入射到卫星表面的总电流密度为

$$j(V_s) = \frac{1}{4\pi R_s^2} = \frac{1}{4\pi R_i^2} \frac{R_i^2}{R_s^2} = j_0 \left(1 - \frac{2qV_s}{mv_0^2}\right) \tag{4.60}$$

式中,j_0 为鞘层外粒子的热电流密度,$j_0 = n\bar{v}/4$;$\bar{v}$ 为平均热速度。

式(4.60)就是"厚鞘-轨道"电流关系,在鞘层处理中,代表了与薄鞘近似相反的另一极端情况。当等离子体密度足够低时,吸引粒子是否被表面收集取决于粒子在远场的

轨道参数(能量、角动量)。而在薄鞘极限下,收集电流由物体表面上方的空间电荷自洽给出,而不依赖远场粒子的能量和动量。厚鞘近似结果很容易推广到更复杂的粒子分布情况。在球形、无限长圆柱形及平板模型中,对于吸引粒子,电流密度在轨道限制下的解为

球形:$j = j_0(1+Q)$

圆柱形:$j = j_0[2(Q/\pi)^{1/2} + \exp Q \operatorname{erfc} Q^{1/2}]$

平板:$j = j_0$

对于被排斥粒子,电流密度为

$$j = j_0 \exp Q \tag{4.61}$$

式中,$Q = -qV_s/k_B T$;erfc( )为互补误差函数, $\operatorname{erfc} x = 2\pi^{-1/2} \int_x^\infty \exp(-\eta^2) \mathrm{d}\eta$。

对于吸引粒子,$Q>0$;对于被排斥粒子,$Q<0$。

卫星表面由大量的材料、部件构成,具有复杂的构型,完整地计算卫星表面电位需要仔细考虑每个材料表面的电位及材料之间的电流,但通过对一个单点的电流平衡方程求解析解也可以洞悉表面充电的全貌。一个典型的情形是一个球形卫星在阴影区的充电问题。在 GEO 等离子体环境中,德拜半径通常远大于航天器尺寸,因此适用厚鞘模型。GEO 等离子体通常用双麦克斯韦分布来描述,可以理解为由两种麦克斯韦分布的等离子体构成,特别是在地磁风暴期间,由来自磁尾的高能电子成分注入相对低能的背景等离子体中,采用双麦克斯韦分布模型对 GEO 等离子体的能谱描述与测量结果符合得更好。单麦克斯韦分布只是双麦克斯韦分布的特殊情况,因此,讨论双麦克斯韦分布等离子体具有更普遍的意义。GEO 等离子体的双麦克斯韦分布函数为

$$f(E) = f_1(E) + f_2(E) \tag{4.62}$$

$$f_1(E) = n_1 \left(\frac{m}{2\pi k_B T_1}\right)^{3/2} \exp\left(-\frac{E}{k_B T_1}\right) \tag{4.63}$$

$$f_2(E) = n_2 \left(\frac{m}{2\pi k_B T_2}\right)^{3/2} \exp\left(-\frac{E}{k_B T_2}\right) \tag{4.64}$$

式中,f_1、f_2 为两种等离子体成分的分布函数;n_1、n_2 为两种成分等离子体的数量密度;T_1、T_2 为两种成分的温度;E 为粒子能量。

GEO 等离子体中二次电子起着重要作用,为便于分析,忽略了散射电子的影响,其影响相当于在入射电子通量中加入一个衰减因子。净电流密度为

$$j_{net}(V_s) = \sum_{k=1}^{2} \left\{ j_{0e,k} \exp\left(-\frac{e|V_s|}{k_B T_{e,k}}\right) \left[1 - \bar{\delta}(k_B T_{e,k})\right] - j_{0i,k}\left(1 + \frac{e|V_s|}{k_B T_{i,k}}\right) \right\} \quad (V_s < 0) \tag{4.65}$$

$$j_{net}(V_s) = \sum_{k=1}^{2} \left\{ j_{0e,k}\left(1 + \frac{e|V_s|}{k_B T_{i,k}}\right) - j_{0i,k} \exp\left(-\frac{e|V_s|}{k_B T_{e,k}}\right) - j_{0e,k}\bar{\delta}(k_B T_{e,k}) \cdot \right.$$
$$\left. \exp\left[\left(-\frac{e|V_s|}{k_B T_{sec}}\right)\left(1 + \frac{e|V_s|}{k_B T_{sec}}\right)\right] \right\} \quad (V_s > 0) \tag{4.66}$$

$$j_{net}(V_s) = \sum_{k=1}^{2} \left[j_{0e,k} - j_{0i,k} - j_{0e,k}\bar{\delta}(k_B T_{e,k})\right] \quad (V_s = 0) \tag{4.67}$$

式中,下标 i、e、sec 分别表示电子、离子和二次电子;j_0 为环境中的电流密度;k 表示对应第 k 个等离子体分布;$\bar{\delta}(\cdot)$ 为电子垂直入射下麦克斯韦电子的平均二次电子发射系数;$k_B T_{sec}$ 表示离开表面的二次电子能量。

$j_{net}(0)>0$ 说明净电流是电子入射电流,表面电位是负值,只有这样才能使入射电子受到排斥,从而使 $j_{net}(0)\to 0$ 充电趋于平衡状态;反之,$j_{net}(0)<0$ 说明表面电位是正值,电流平衡主要取决于入射的热电子和离开的二次电子。显然,$j_{net}(0)=0$ 对应了航天器表面充正电或负电的临界条件。一般地,环境中的离子电流密度比电子电流密度低约 2 个量级,对于单麦克斯韦等离子体且忽略离子的贡献,可得

$$j_{0e}\left[1-\bar{\delta}(k_B T_{e,k})\right]=0 \tag{4.68}$$

该方程意味着存在一个临界温度或阈值温度 T^*,满足

$$\bar{\delta}(k_B T^*)=0 \tag{4.69}$$

在单麦克斯韦等离子体中,如果电子温度超过此阈值温度,就会出现负的表面充电,而如果电子温度低于此阈值温度,航天器就会被充以正电位。对于实际表面材料,二次电子发射系数 $\bar{\delta}(k_B T^*)=1$ 一般对应两个值,第一个值在 $40\sim 80$ eV 之间,通常低于 GEO 电子温度,因此 T^* 取另一个较大的值。当环境等离子体温度缓慢变化历经 T^* 时,将会出现一个大的表面电位突变。GEO 卫星 ATS-5 和 ATS-6 测量的表面电位随温度的变化结果也表明,在温度达到阈值温度(约 1 500 eV)前,航天器相对于空间的表面电位都非常小,超过该阈值后,表面电位变负并且近似随着温度正比增长。

对于 LEO 的航天器充电水平,考察一个等离子体环境中非偏置表面导体处于 LEO 等离子体环境中的情况如图 4.10 所示。LEO 航天器周围环境电子电流密度为毫安量级,远大于光电子电流密度,因而光电子电流可以忽略。由于周围环境电子平均能量较低,没有足够的能量产生二次电子和散射电子,所以 LEO 航天器的主要充电电流为周围环境的离子和电子电流。离子的热速度要小于轨道速度,而轨道速度又小于电子的热速度。因此,离子只作用于那些朝向运动速度方向的物体表面,即迎风面。物体迎风面的离子流为

$$I_i=en_0 v_0 A_i \tag{4.70}$$

式中,A_i 表示航天器聚集电子的面积,是航天器姿态的函数。

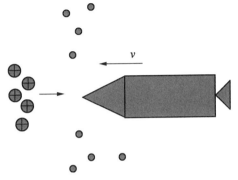

图 4.10　LEO 轨道航天器充电示意图

电子可以到达航天器的所有表面,电子流大小为

$$I_e = \frac{1}{4}en_0\exp\left(\frac{eV_s}{k_BT_e}\right)v_{e,th}A_e \tag{4.71}$$

式中,A_e 为航天器聚集电子的面积;$v_{e,th}$ 为电子热速度;常系数 1/4 是因为德拜屏蔽层上的一半电子已经逃脱,另一半射向收集物。

航天器会继续得到负电荷,直到航天器的电位可以排斥多余电子的进入,电流也达到平衡。此时,可认为物体被充电到了悬浮电位,为

$$V_{fl} = \frac{k_BT_e}{e}\ln\frac{4v_0A_i}{v_{e,th}A_e} \tag{4.72}$$

由式(4.72)可计算出 LEO 上的悬浮电位值为 -1 的量级。严格地讲,航天器的悬浮电位是导电表面的电位,即航天器相对于等离子体电位而言的接地电位。导体的充电将达到整个航天器表面平衡,而绝缘物体的充电只能达到局部平衡。像太阳能电池阵的玻璃盖片或热控表面这样的绝缘体表面,因表面导电性的不同及其他因素的影响,充电电位会有所不同。LEO 的电位差可达几伏特量级。

例 4.2 在太阳一般周期条件下,计算 300 km 高的空间轨道上一个球形导体悬浮电位的近似值。

解 对于球形物体,横截面积 $A_i = \pi r^2$,总表面积为 $A_e = 4\pi r^2$。

由 300 km 高的空间轨道上 $T_e = 1\,000$ K,$v_0 \approx 8$ km/s,$v_{e,th} \approx 200$ km/s 得到的悬浮电位为

$$V_{fl} = \frac{k_BT_e}{e}\ln\frac{4v_0A_i}{v_{e,th}A_e} = \frac{1.38\times10^{-23}\times1\,000}{1.6\times10^{-19}}\ln\frac{4\times8}{200\times4} \approx -0.27(\text{V})$$

对于 LEO 处于不同电位下的偏置表面物体,最重要的一个例子就是太阳能电池阵,它是由一块块太阳能电池通过非常薄的金属互连片连接起来的。标准电池尺寸一般为 2 cm×4 cm,表面覆盖着透明的玻璃盖片。一块标准的太阳能电池阵有约 0.2% 的表面积是暴露的导体。每一个电池电位差量级为 1 V。为了提供所需电压,把太阳能电池以串联方式连接,形成电池链。增加电池链的数量即可增加电流。电池链中每一个金属互连片的电位与航天器接地电位间存在微弱电位差。因此,太阳能电池阵的不同部位以不同的方式从等离子体那里聚集电流。为了充分理解这种状况与非偏置表面物体间的区别,假定太阳能电池阵处于等离子体流的迎风面,这样金属互连片都可以聚集离子流如图 4.11 所示。在轨道上,太阳升起时就符合这个条件。沿着太阳能电池阵分布的电位,相对于等离子体必须自行排列,这样,聚集到的离子流可以与相同数量的电子流达到平衡。

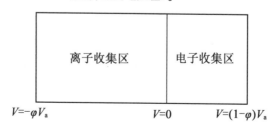

图 4.11　太阳能电池阵收集电流示意图

　　真正解决这个问题很复杂。可以在一些假定条件下,获得简化的问题的理解。由于离子的质量比较大,相对来说难以移动,因此作为一个近似值,可以假定太阳能电池阵正向偏压小于离子撞击能量 ϕ_i 的部分都可以聚集粒子。正压较大的部位会阻止离子碰撞,并将离子反弹回去。与此相似,太阳能电池阵反向偏压小于电子冲击能量的部分都可以聚集电子。

　　太阳能电池阵上的电流密度为

$$J_i = en_0 v_i \frac{\varphi V_a - \varphi_i}{V_a} \tag{4.73}$$

$$J_e = en_0 v_{e,th} \frac{(1-\varphi) V_a - \varphi_e}{V_a} \tag{4.74}$$

式中, φ 为太阳能电池阵相对于等离子体带负电荷部分的百分比; V_a 为太阳能电池阵的电压。

　　令 $J_i = J_e$,可以发现 $\varphi \approx 1$ 。也就是说,由于电子聚集的过程相对容易一些,所以大部分太阳能电池阵的电压向负电压浮动,以便能让易于聚集的电子与不易聚集的离子达到平衡状态。

　　大多数航天器既不是非偏置物体,也不能认为是像太阳能电池阵那样的偏置物体,航天器往往是二者的结合。航天器的导电表面与太阳能电池阵相连接的方式,决定了航天器接地的悬浮电位。主要的接地方式有 3 种:航天器太阳能电池阵的端部接地点电位低于等离子体电位的方式称为负接地,有时也称为正向阵,因为太阳能电池阵的电位相对于航天器结构为正;航天器太阳能电池阵的端部接地点电位高于等离子体电位时称为正接地;不进行连接的,称为悬浮接地,因为这时的太阳能电池阵和航天器彼此间的接地点是独立的。如果是负接地,航天器的结构成为离子的聚集地,结果导致太阳能电池阵电位相对于等离子体来说向带正电的方向移动。太阳能电池阵的正电位增加一点,都会伴随大量的电子流。因此,即使航天器结构相当大,在许多情况下,太阳能电池阵表面电位仍然比等离子体电位低许多。具体数值取决于航天器和太阳能电池阵聚集面积的大小。如果是正接地,航天器的各组件将成为电子的聚集地。结果之一是太阳能电池阵的电位会降低,聚集更多的正离子。最终的结果使太阳能电池阵增加了少量离子聚集区,航天器的悬浮电位仍然与等离子体的电位相当接近。出现这种情况的原因是,与离子 0.5 eV 的能量相比,电子的撞击能量只有 0.2 eV,低了许多。最后一种是悬浮接地,航天器的结构和太阳能电池阵的悬浮电位都不受电子冲击的影响。航天器的结构件仍保持低于等离子体电位几伏的状态。发生日食期间,当太阳能电池阵的电位降低到零时,这 3 种接地方式就不存在差异了。

　　设计者更愿意选择正接地或悬浮接地。航天器在等离子体中飞行时,应尽量避免其中的检测设备受到等离子体的影响。接近等离子体电位的航天器结构很少诱发扰动。负接地的航天器会引起其中的溅射或等离子体检测设备的电弧放电问题。使用仪器测量离子撞击能量时,会出现结果偏差,这是因为到达测量设备前,所有离子都会加速穿过负电位区。尽管存在着电位方面的缺陷,但由于供电设计方面的限制,人们仍然习惯选用负接地。从工程角度讲,正、负接地之间的差异在于电流方向的不同。人们通常采用负接地,因为这种方式可以使用标准的 NPN 晶体三极管提供电流通路。使用正接地时,需要用 PNP 替代 NPN 管的逻辑结构,或采用绝缘技术屏蔽反向电流。对于供电系统所必需的许多部件,现在应用更多的是 NPN,而不是 PNP。要想在正接地时使用 NPN 管,设计者不得不采用绝缘技术来调节各个电子部件的电流。显然,这将增加设计难度,还会增加系统的质量。航天器的大多数飞行任务,并不搭载科学探测仪器,所以人们很少关注航天器悬浮电位绝对值的大小。于是,大多数的航天器都选择了负接地。对于那些更适合采用正接地的情况来说,覆盖金属物质的太阳能电池金属互连片可以阻止太阳能电池阵表面充电,并保证悬浮电位接近等离子体电位。通常情况下,设计人员会避免采用悬浮接地,因为这种方式难以采用普通的检测方法查找电力系统故障。然而,悬浮接地方式确实能把电弧放电损坏供电系统的可能性降低到最低。俄罗斯的"和平号"空间站和美国的某些星际航天器选用的都是悬浮接地方式。

当物体受到的光子能量达到足以让电子摆脱物体引力时,就会发生光电辐射现象。在所有物质中,氧化铝的光电子密度最大,但也仅为 42 $\mu A/m^2$。因此,对于 LEO 轨道,光电子流可以近似忽略。然而,在接近 GEO 的环境中,它就变成了起决定性作用的电流。当离子或中性分子的撞击使物体表面的电子得到了足以摆脱引力的动能的时候,就会产生二次电子。在 LEO 轨道环境,一个质子的冲击能量只有 5 eV,它只能在铝表面引起0.01 个二次电子,因此二次电子在 LEO 轨道中的作用是次要的。在 GEO 轨道上会周期性地产生更高冲击能量的粒子,所以,必须充分考虑产生的二次电子。如果物体充电后达到较高的负/正电位,入射的电子/离子就会产生反向散射。对于负电位,大约 20% 的入射粒子会发生反向散射。因此,对于 LEO 轨道的一次近似,也可忽略粒子的反向散射,而更高轨道上的粒子反向散射则需要考虑。

LEO 等离子体和航天器的相互作用与周围等离子体流特性密切相关。从气体动力学角度,LEO 航天器周围的等离子体流与中性气体流有相近的特性,在航天器前部存在一个气体压缩的迎风面冲压区,在尾部有一个稀疏的尾流区如图 4.12 所示。在尾流区,由于影响电子、离子运动的电磁力作用而形成与迎风面完全不同的结构。对于充电,人们比较感兴趣的是尾流区的充电及电流收集,特别是诸如大功率空间站上出现的高偏压情形。温度最高的电子具有较大的活性,它们会首先进入并充满尾部区域。因为它们没有伴随着等量的离子,所以该区域很快就会形成负电位,它会排斥速度较小(温度更低)的电子。尾流区具有以下显著的特点:①在紧靠航天器后部,电子密度要远大于离子密度;②尾部的带电离子集中,最大稀疏区呈锥形,尾部区域由马赫锥限定,边界由轨道速度和离子声速界定(等离子体环境中的离子声速相当于中性气体中的声波),类似于超声速飞机后面的马赫锥;③集中效应强烈依赖于航天器尾部材料以及温度比率 T_e/T_i;④在远离尾部而稍稍偏离轴线的位置,会出现两个增强区。一架对接中的航天器,或进行舱外活动的航天员,可能会被淹没在尾迹等离子体中。如果遇到更高能量的等离子体,可能会产生更为严重的航天器充电现象。

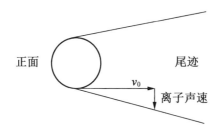

图 4.12　由马赫锥面确定的航天器尾迹

由于 GEO 环境中等离子体浓度低,正常情况下,航天器周围电流的量级为 10^{-8} A/m^2。在特定情况下,接近于 GEO 环境的航天器,有时会遭遇与地磁风暴发生密切相关的具有高能量的等离子体。地磁风暴的发生会使航天器充电达到 $-20\ 000$ V。太阳和地球都有它们自己特定的磁场,距离磁场中心越远,磁感应强度就越弱。磁力线标明的磁场范围强度几乎相同的区域,称为磁顶。太阳磁场的波动对地球磁场产生的压缩作用,就是地磁风暴。由于等离子体只能在磁力线范围内做旋转运动,且服从动量和能量守恒原理,因此当地球磁场的磁力线受到挤压时,地球背阳侧的等离子体被推向了地球的表面。当等离子体被推近地球时,地球磁场会使电子和离子出现偏转。由于电子和离子以不同的方向偏转,因此在当地时间午夜至凌晨 6 时,可以看到大量的高能电子。航天器的探测结果表明,午夜至凌晨 6 时的飞行通道,等离子体的能量达到最高峰,航天器出现的异常现象也最多。由于风暴电子不伴随着同等数量的离子,又由于离子的质量大,风暴电子很难与它们周围的离子保持同步运动,所以此时处于地磁风暴中的航天器会在带电粒子的作用下得到相当数量的负电位。傍晚 6 时至午夜期间运行的航天器,不会经历相似的情况,因为周围的电子很容易抵消风暴离子的作用。于是,在发生地磁风暴时,人们最关注午夜至凌晨 6 时期间航天器相对于地球的运行情况。

一般情况下,较低空间出现的等离子体温度也相应较低,不太可能引起航天器充电现象。然而,由于高能粒子沿着磁力线方向运动,位于低空极地轨道上的航天器也会遇到较大能量的等离子体。原位观测证实,极光电子的电量可以达到几千伏,能形成让航天器严重充电的等离子体环境。高能等离子体被限制在极地附近的环形区域,在这个区域,磁力线能够进入较低高度。由于轨道中的航天器只是周期性地穿越这种区域,因此极光区域中的充电过程持续的时间很短。低能等离子体会抑制高能等离子体的密度,所以低能等离子体浓度越小时,高能等离子体浓度越大,航天器就更有可能严重充电。

航天器电位的绝对值一般不是人们的关注重点,只有在航天器的充电会导致机上的测量数据出现偏差时,人们才会关注此问题。电位可能会导致航天器受到更大的阻力,或吸引粒子到达航天器表面,从而增加物理溅射率。通常这些效应不会影响飞行任务。由于航天器表面材料导电性差异,因此各部位电位存在差异。人们最关注的是具有不同电位的各部位间的静电放电(Electro-Static Discharge,ESD)。静电放电是指由直接接触或静电场诱发的不同电位所形成的静电电荷转移现象。静电放电形式包括热力二级故障、金属性熔化、整体故障、绝缘体故障、气态电弧放电以及表面故障。前 3 种形式的发生由能量决定,而后 3 种形式的发生由电压决定。表面故障一般都发生在半导体连接部位的充电区,地面加工时要对此予以关注。由于航天器的充电可能在其表面形成巨大的电位差,因此人们对绝缘体击穿和弧光放电现象更为关心。

如果绝缘体的电位差超出了其承受范围,就可能发生绝缘体击穿故障。故障开始于一个故障前兆,当诱发的电场强度达到 10^5 V/cm 的量级时,物体内部快速形成小的脉冲电流。因此,避免出现这种故障的方法之一,就是保持物体有足够的厚度,使电场的强度维持在 10^4 V/cm 以下。当物体的电位差在绝缘体内形成了一条气体通道时,故障前兆就变成了真正的绝缘体故障。形成气体通道时产生的相关能量,可以导致气体脱离物体表面的控制,可能会形成某种需要关注的污染问题。绝大多数绝缘体故障的发生,一定会诱发整个物体表面性质的明显变化,如热辐射性能的变化。局部发生的单一绝缘体故障,也许会导致任务失败。

具有不同电位的相邻物体表面间,可通过周围大气形成的粒子通道,重新建立起新的平衡。如果气体的电离程度达到了发光的条件,那么此时的放电过程,有时称为电晕放电故障。在太阳能电池阵绝缘盖片和导电的金属互连片之间的间距很小,所以这种放电方式对于太阳能电池阵会产生特殊的影响,因此尤其需要注意。电弧放电的频率取决于等离子体的特性及太阳能电池阵的几何外形。研究表明,产生电弧放电的电压临界值为 $-500 \sim -150$ V。电弧放电会伴随着电磁发射现象,干扰灵敏的电子设备,或者腐蚀物体表面,还可能使电子设备彻底失去功能。

人们之所以关注任何形式电弧放电,主要是因为放电产生的能量脉冲可能会损坏航天器,放电释放出的能量用电容量 C 和两个表面间的电位差 V 表示为

$$E = \frac{1}{2}CV^2 \qquad (4.75)$$

放电的能量为 mJ 量级或更小一些,就足以损坏一些特殊的部件。即使放电没有对放电区域造成物理性的损坏,也会导致航天器的供电系统或电子控制分系统出现混乱。

4.3　地面模拟试验

地面模拟试验可以采用等离子体源、极光电子环境模拟源、地磁亚暴环境模拟电子枪三套模拟源分别对不同等离子体环境进行试验,利用计算机数据处理系统以及放电参数测量仪器进行测试分析。

在分析航天器充电过程时,可以使用许多模拟程序,像 NASA 的充电分析程序 NASCAP 等。NASCAP 可以用来计算来自等离子体的一次和二次电流,粒子入射物体表面的轨迹,物体周围的静电电位以及物体间的屏蔽保护范围等。用户可计算出物体充电的电位或电流,还能建立复杂的几何模型。软件还附带有大量有关物质性质的数据库。针对 LEO、GEO 和极光等离子体,NASCAP 有 3 种版本。NASA 对于等离子体环境模拟,新使用的软件工具是环境工作台 EWB,它是为支持空间站计划而研制开发的,具有把符合轨道环境条件的模型与航天器的特殊设计参数结合在一起的能力,使设计人员能对设计细节进行更多的分析。

4.4　设计指南

在航天器设计的最初阶段,就应该充分考虑航天器的表面和内部的充电问题。航天器的绝缘体和传导路径都需要精心地设计,以实现最小的内部充电。防止电弧发生的主要手段是接地,具体可以采用如下方案减少航天器的充电现象。

(1)接地。所有的传导元件,无论是表面的,还是内部的,都必须接到共同的电气地面上,可直接相连,或通过放电电阻相连。

(2)外表面材料。所有航天器外表面的材料必须至少达到部分导电,确保航天器的整个表面都有相同的导电性,以防航天器表面不同部位出现电位差。通过有效地平衡航天器表面之间的电流,防止表面电势积累。

(3)屏蔽。主要航天器结构、电子组件外壳、电缆屏蔽层的电子设备和电缆均要提供在物理上与电气上连续的屏蔽面(法拉第屏蔽)。

(4)过滤。应用电子过滤器防止电路在放电时产生故障。

(5)程序。需制定正确的处理、集成、检查和测试程序,保证空间接地系统的电连续性。

(6)阻抗。暴露的导电材料必须使用尽可能小的电阻与结构接地。

为了避免航天器产生电势积累,应该携带等离子体发生装置,让航天器与等离子体有效接地。航天器自身形成的低能等离子体能吸引带有与它自身电位相反的电荷体附着在航天器上,让航天器的充电量达到最小。用离子推进器也可以得到相似的效果。一直以来,人们认为等离子体发生装置可以最大限度地减小航天器充电电位,但它们会额外增加航天器的质量、动力、费用,并使设计复杂化。空间站是真正需要等离子体发生装置的例子。空间站被设计成负接地形式,太阳能电池阵的电位为 160 V。没有等离子体发生装置时,空间站时常达到 140 V 的悬浮电位。为了热控,空间站涂覆了一层阳极化铝薄膜。由于薄膜非常薄,所以无法承受 140 V 的电位差。因此,在不使用等离子体发生装置的情况下,几乎立即就会形成电弧放电。为了减少电弧放电的可能性,空间站使用一台等离子体发生装置,使空间站的悬浮电位小于-40 V。理论上,增大航天器外部表面的导电率就能减小电位差。在太阳能电池阵上可以用导电性能好的氧化铟(IO)或氧化铟锡(ITO)透明膜涂层。鉴于有些科学设备受电位差影响较大,国际太阳地球探索器(ISEE)选择了导电涂覆的方法。然而,这种方法使航天器的设计质量和费用大大增加。通常,只有预知出现非常严重的电位差问题时,才会采用等离子体接触器或导电涂覆的方法。

思　考　题

1.计算某个类似于空间站的物体与空间环境间的相互作用,其主体结构为做过阳极化处理的、直径为 25 cm 的铝支架。假定整个支架的总长为 1 km。

(1)将该物体视为平行电容器的一个极板,将空间视为另一个极板,计算该物体与空间之间的电容。假定它们之间的距离为德拜长度。

（2）假设空间站的悬浮电位为-140 V,计算要使该物体的电位为零,空间电弧放电所消耗的能量。

（3）已知氧化铝的绝缘强度为 15 kV/mm,假设安全系数为 2,求能够在 10^5 V/cm 的电场强度下不被击穿的阳极化铝层的厚度。

第5章 辐射环境

空间辐射环境是航天器在轨运行所面临的重要环境要素之一。能量为 MeV 的高能质子、电子和重离子与航天器的作用,不仅局限在材料表面,很可能会穿过材料的表面进入材料内部,通过电离或非电离过程与物质发生反应,改变材料性能,尤其会对航天器上的电子元器件造成特别严重的辐射损伤。本章重点介绍高能带电粒子、光子及中子辐射的作用机理,材料的辐射效应及空间环境辐射效应,包括总剂量效应、剂量率效应、位移损伤和单粒子效应等内容。

5.1 辐射物理基础

一般来说,任何高能粒子都被认为具有辐射性。根据射线辐射的性质,材料的辐射分为 α 粒子、β 粒子、质子、中子、重离子、X 射线和 γ 射线辐射等。α 粒子是放射性物质衰变时放射出来的含 2 个中子和 2 个质子的带正电氦-4 核,β 粒子是高速的电子,带负电荷或正电荷,其质量极小,仅为 α 粒子的 1/8 000;带电的 α 粒子和 β 粒子的运动会受电磁场影响。γ 射线和 X 射线是波长极短的高能量的光子,与物质相互发生作用时,会有光电吸收、康普顿散射及形成电子对作用 3 种形式。

当辐射向物质内部传输时,它在路径上能引起材料电离或发生位移。受到辐射的物质,随后自身可能又产生更进一步的分裂。其结果是使材料的整体性质发生改变,性能下降。图 5.1 给出了一个高能电子穿过空气时会留下激发电离粒子的痕迹。如果高能电子在经过一个独立的分子时,能把分子中的电子从原子核上剥离下来,那么空气就会发生电离。如果粒子的运动速度太慢,则它的动能将达不到形成电离效应所必需的能量;如果粒子运动的速度太快,则它与相邻分子或原子接触的时间太短,也无法产生电离效应。因此,材料受到辐射损伤的程度,不仅取决于辐射的性质,也取决于辐射所具有的能量以及受到辐射作用的物质本身的特性。由于辐射涉及领域众多,于是有各种描述辐射损伤能量大小的术语。在国际单位制中的辐射单位是戈瑞(Gy,1 Gy = 100 rad = 1 J/kg),在以前研究空间环境效应时,更经常使用的单位是拉德(rad,1 rad = 0.01 J/kg)和伦琴(R,1 R = 2.58×10^{-4} C/kg)。

沉积在材料里的能量称为辐射剂量。辐射剂量除了取决于吸收材料自身的特性,还取决于辐射的类型和能量的大小,如图 5.2 所示。在生物学应用中,经常用相对生物学效率(Relative Biological Effectiveness,RBE)来描述辐射剂量。能量小于 10 MeV 的质子和快中子对应 RBE = 10,而 X 射线或 γ 射线对应 RBE = 1,因此质子和快中子产生的辐射性损伤相对更大。

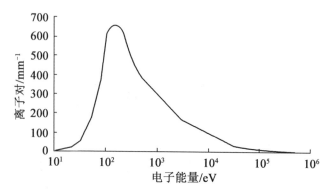

图 5.1　一个高能电子产生的空气电离效应

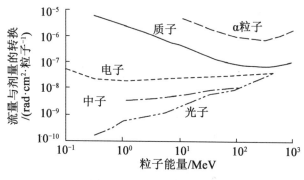

图 5.2　流量与剂量的转换

研究辐射性损伤时,需要考虑的因素很多,但最需要考虑的是,在材料任务期沉积的总剂量和能量沉积率及剂量率。不同材料对辐射的敏感度不同,见表 5.1。由于建筑材料不容易受到辐射性损伤,所以通常用它保护易受损材料。人们处于辐射性环境中时,往往要求使用铅制的防护板,阻挡来自辐射源的射线对人体造成的伤害。屏蔽带电粒子的方法与屏蔽不带电粒子的方法完全不同。

表 5.1　辐射伤害阈值

材料	损伤阈值/rad
生物材料	$10^1 \sim 10^2$
电子仪器	$10^2 \sim 10^6$
润滑剂、液压液	$10^5 \sim 10^7$
陶器、玻璃	$10^6 \sim 10^8$
聚合材料	$10^7 \sim 10^9$
建筑材料	$10^9 \sim 10^{11}$

(1)带电粒子衰减。

在介质中穿行的带电粒子与介质原子中的电子发生静电力作用有几种机理,包括激发、电离和韧致辐射。激发是指带电粒子将自身的一部分能量传递给电子,但传递的能量又不足以使电子脱离原子而发生电离。由激发所导致的电子在衰变时释放出的光子称为荧光。电离是指传递给电子的能量足以使其电离,于是电子从原子上脱离,形成电子-离子对。平均电离能或平均电离势是形成电子-离子对所需的最小能量。韧致辐射是指电磁辐射以光子的形式释放,由于带正电的原子核周围的电场作用,因此快速移动的带电粒子加速或偏转而失去能量,这就是 X 射线机产生 X 射线的机理。如果通过电场加速 2 个带电粒子,则质量轻的粒子获得的速度要大些。因此,尤其要关注电子的韧致辐射问题。

当高能带电粒子从靶材原子附近掠过时,靶材原子周围原子受到静电库仑力的影响很明显。由于原子核的尺寸约为 10^{-15} m,比约为 10^{-10} m 的电子轨道距离小得多,所以相互作用主要发生在带电粒子与原子中的电子之间,而不是发生在带电粒子与原子核之间。考虑一个质量为 m,速度为 v 的带电粒子与靶物质中的电子发生相互作用,电子质量为 m_e,带电粒子初速度方向设为 x 轴方向如图 5.3 所示。假设在电子移动之前,带电粒子就已经从电子附近掠过去了。对任何距离,两个粒子之间的静电力为

$$F = \frac{1}{4\pi\varepsilon_0} \frac{Ze^2}{r^2} \tag{5.1}$$

式中,Ze 为带电粒子所带的电荷;r 为带电粒子和电子间的距离。

将带电粒子和电子之间的距离用最小近似距离 a 表示,$a = r\sin\theta$,θ 为带电粒子速度与带电粒子-电子之间连线矢量的夹角。电子受到的动量为

$$p = \int_{-\infty}^{+\infty} F\sin\theta \mathrm{d}t \tag{5.2}$$

将静电力代入式(5.2),并由几何关系有

$$p = \int_0^\pi \frac{1}{4\pi\varepsilon_0} \frac{Ze^2}{av} \sin\theta \mathrm{d}\theta = \frac{1}{2\pi\varepsilon_0} \frac{Ze^2}{av} \tag{5.3}$$

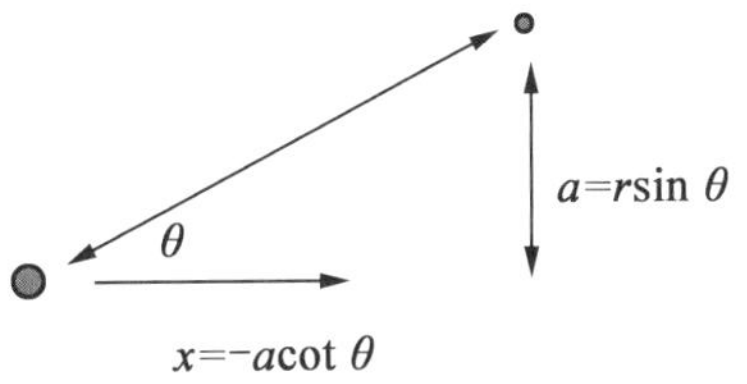

图 5.3　带电粒子与电子相对位置图

如果带电粒子的速度远小于光速,则可以忽略相对论的效应,带电粒子损失的动能,亦即被原子中的电子得到的动能为

$$E = \frac{p^2}{2m_e} = \frac{Z^2 e^4}{8\pi^2\varepsilon_0^2 a^2 m_e v^2} \tag{5.4}$$

利用阻止截面概念来反映能量的传递,即

$$\sigma_{\text{stop}} = \int \Delta E \mathrm{d}A \tag{5.5}$$

式中,ΔE 为带电粒子穿过面积 dA 时损失的能量。

每个电子的阻止截面为

$$\sigma_{\text{stop}} = \frac{Z^2 e^4}{4\pi\varepsilon_0^2 m_e v^2} \ln\frac{2m_e v^2}{\hbar\nu} \tag{5.6}$$

式中，$\hbar\nu$ 为阻止介质材料中电子的结合能。

该公式不适用于较低能量，因为这时候得到的阻止截面是负值。较大能量时用此公式得到的结果与试验数值一致。从式中可以看到，阻止截面只与作用粒子的电荷和速度有关，与其质量无关。在辐射损伤研究中，将阻止截面的概念理解为阻止本领。阻止本领是粒子穿过材料时，沿粒子路径方向上单位长度损失的能量大小，有时也把阻止本领称为线性输出能量或传能线密度（Linear Energy Transfer，LET），其定义为

$$\text{LET} = -\frac{\text{d}E}{\text{d}x} = n\sigma_{\text{stop}} = \frac{nZ^2 e^4}{4\pi\varepsilon_0^2 m_e v^2} \ln\frac{2m_e v^2}{\hbar\nu} \tag{5.7}$$

对式（5.7）在整个材料吸收的粒子射程内积分，得

$$R = \int \text{d}x = -\int_E^0 \frac{\text{d}E}{n\sigma_{\text{stop}}} \tag{5.8}$$

式（5.8）与材料密度有明显的依赖关系，故有时为了方便，将其转换为对材料面密度的依赖关系，即材料面密度是材料中的射程与密度的乘积。图 5.4 给出了带电粒子在铝材料中的射程范围。由于电子碰撞速度比质子快，所以 10 MeV 的电子比 10 MeV 的质子对同一种材料的穿透深度大得多。

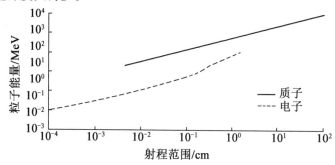

图 5.4　带电粒子在铝材料中的射程范围

由于一个单能粒子可能与原子中的多个电子发生相互作用，电离原子并影响其成分，因此电离效应是在靶材内部形成脉冲电流。辐射作用的主要效应是使靶材周围的原子电离，所以有时也把这种类型的辐射称为电离辐射。有时带电粒子可能会使周围原子发生位移，破坏晶格结构，这种现象虽然不经常出现，但在计算辐射损伤的最终结果时仍然很重要。

当电子的动能远远大于 $m_e c^2$ 时，此时需要考虑相对论作用，阻止能力为

$$\frac{\text{d}E}{\text{d}x} \approx -\frac{Ze^6 E(Z+1.3)\left[\ln(183Z^{-1/3}) + 0.125\right]}{8\pi^2\varepsilon_0^3 \hbar m_e^2 c^5} \tag{5.9}$$

由于辐射损失的能量与动能呈比例关系，因此电子穿过靶材时，能量的损失以指数衰减，并以光子的形式释放，形成韧致辐射，如图 5.5 所示，这些光子本身也会对周围的材料造成额外的损伤。

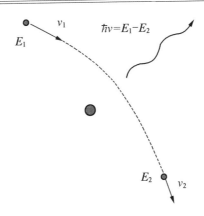

图 5.5　韧致辐射示意图

（2）光子作用。

光子辐射是以电磁辐射方式进行的能量传递，既无静态质量，又无电荷。典型的光子辐射中，X 射线能量为 100 eV~100 keV，γ 射线是指来自原子核的电磁辐射，能量大于 100 keV。光子能量 E 与频率 ν 满足关系 $E=h\nu$，h 为普朗克常数。对于光子辐射，重要的一点是确定辐射通量与距离的函数关系。对于点源辐射，如相对极远距离的太阳辐射，通量密度与距离的二次方成反比，即

$$\Phi_i = \Phi_0(4\pi r_0^2/4\pi r_i^2) = \Phi_0(r_0/r_i)^2 \tag{5.10}$$

式中，r_0、r_i 分别表示距辐射点源的距离；Φ_0、Φ_i 为相应距离的通量密度。

如果 γ 射线或 X 射线入射物质内部，则它们与靶材的相互作用也能改变靶材的性质。由于这两种射线不受静电力的影响，因此它们在与靶材产生作用前，一直沿直线运动。这时，射线束与靶材发生相互作用的概率等于靶材原子的阻止截面除以整个射线束的面积。把总截面 σ_{tot} 定义为原子核的有效截面，不是原子核的实际面积。当光子和原子核的半径在 σ_{tot} 定义的范围之内，它们就会发生相互作用。由于 σ_{stop} 和 σ_{tot} 是不同的物理量，所以它们的定义不同。σ_{stop} 是能量与截面的乘积，而 σ_{tot} 是有效截面。单位截面材料中损失的光子数为

$$-\frac{\mathrm{d}N}{N} = \frac{nA\mathrm{d}x\sigma_{tot}}{A} = n\sigma_{tot}\mathrm{d}x \tag{5.11}$$

式中，N 为入射的射线数目；$\mathrm{d}N$ 为发生相互作用的射线数目；n 为靶材数量密度；A 为靶材与射线作用的截面；$\mathrm{d}x$ 为靶材厚度。

对式（5.11）积分，得到射线束的强度亦即光子通量密度随入射靶材厚度的关系：

$$N(x) = N_0\exp(-n\sigma_{tot}x) \tag{5.12}$$

若以单位面积的质量 ξ 来定义吸收射线的靶材厚度，那么有

$$N(x) = N_0\exp(-\mu_m\xi) \tag{5.13}$$

式中，μ_m 为吸收率，也称为衰减系数，$\mu_m = n\sigma_{tot}/\rho_m = N_A\sigma_{tot}/M_A$；$\rho_m$ 为靶材密度；M_A 为摩尔质量；N_A 为阿伏伽德罗常数。

例 5.1　3 cm 厚的铝质防护罩可以衰减一束光子 40% 的通量，计算防护罩的吸收率。

解 已知铝的密度为 $\rho_m = 2.7\ \text{g/cm}^3$，由光子强度衰减关系 $N(x) = N_0 \exp(-\mu_m \xi)$ 有吸收率：

$$\mu_m = -\frac{1}{x\rho_m}\ln\frac{N}{N_0} = -\frac{\ln 0.6}{3 \times 2.7} = 0.063\ (\text{cm}^2/\text{g})$$

吸收光子（γ 射线或 X 射线）的过程主要有光电效应、康普顿效应和电子对生成。总截面是上述 3 种过程中截面的总和。

光电效应就是光子与靶材原子相互作用时，光子能量传递给原子中的束缚电子，使其克服原子核的束缚并以一定的能量释放出来，同时原来的光子消失的过程。当 γ 射线或 X 射线光子与靶原子核外电子作用时，使其激发，能量传递后的光子形成新的、能量较低的光子，即康普顿效应，此时能量损失导致散射波长变化，如图 5.6 所示。单色电磁波作用于比波长尺寸小的带电粒子上时，引起受迫振动，向各方向辐射同频率的电磁波。经典理论可以解释频率不变的一般散射，但对康普顿效应不能做出合理解释。我国物理学家吴有训也曾对康普顿散射实验做出了杰出的贡献，所以康普顿效应有时也称为康普顿-吴有训效应。高能光子能发生一系列的康普顿散射作用，在最终散射完成前，每一次散射都会产生能量更低的二次光子。当 γ 射线和 X 射线光子在靶原子核附近通过时，转变成一个正负电子对，就是电子对生成。正电子是带有正电荷的不稳定电子。超过 2 个粒子静态质量（1.02 MeV）的那部分能量表现为电子对的动能和反冲核。正电子的存活周期非常短，将在 10^{-8} s 内与自由电子结合而湮灭。于是，这 2 个粒子的所有质量将转化为 2 个光子，每个光子能量为 0.51 MeV。电子对生成一定是在原子核附近发生，否则能量和动量就不能守恒。

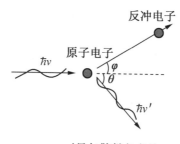

ν' 只与散射角有关

图 5.6 康普顿效应示意图

在光子能量小于 0.5 MeV 时，光电效应占优势；在 0.5～5 MeV 范围内，主要是康普顿效应；而在光子能量更高时，电子对生成占优势，如图 5.7 所示。阻止机理使靶材内部释放电荷载流子，于是，γ 射线或 X 射线的光子也能产生电离辐射效应。

（3）中子作用。

中子不带电荷，但有磁矩，且质量稍大于质子。光子主要和围绕着原子核运动的电子云反应，而中子与光子不同，它直接与原子核作用，因此其衰减过程也与光子不同。光子的衰减主要受材料密度的影响，密度大的材料（如铅）吸收光子的性能较好。由于原子核相比原子的尺寸极小，约相差 4 个数量级，因此，中子与原子核子反应的概率非常小，在发生反应前，中子可以在介质中穿行较长的距离。

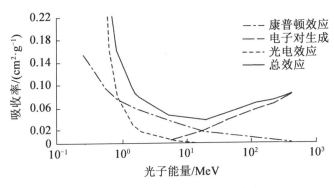

图 5.7　吸收率与光子能量的关系

　　靶材能否吸收中子,完全取决于中子的能量大小。中子与物质发生的作用主要包括弹性散射、非弹性散射和中子俘获。发生弹性散射(经典的卢瑟福散射)时,相互作用的能量是守恒的,中子的能量损失传递给原子核,而得到能量的原子核称为反冲核。弹性散射是能量为 1~10 MeV 的中子最主要的反应。当中子的质量与原子核的质量相同时,能量传递最大。氢是一种很好的中子吸收体,而原子序数为 82 的铅则不是好的中子吸收体。因此,含氢量较高的材料,如石蜡、塑料和水,对中子的减速作用非常明显。发生非弹性散射时,中子的能量被目标核子吸收,并释放出光子。这种作用发生的概率随着原子核尺寸的增大和中子能量的增加而增大。中子损失了足够的能量后会发生中子俘获,此时中子被原子核俘获形成同位素,原子核的原子量增加。这种同位素通常不稳定,经常会释放出一个粒子、光子,或发生核裂变。中子俘获的概率与中子的能量成反比。中子作用的总微观有效截面是各个过程即弹性散射、非弹性散射和中子俘获有效截面之和,是中子能量与原子核原子序数的函数。

5.2　辐射环境效应

　　空间中主要有 3 种天然辐射源:地球辐射带、银河系宇宙射线(Galactic Cosmic Rays, GCR)和太阳质子事件(Solar Proton Event,SPE)。地球辐射带大多数是电子和质子,GCR 是来自太阳系外的新星或超新星爆炸的核能粒子或者由星际之间的加速碰撞形成的粒子,SPE 主要是太阳出现耀斑时喷发形成的高能质子。空间中究竟哪种辐射源居于主导地位,主要取决于航天器所处的空间轨道。

　　许多高能带电粒子,如电子和质子,被束缚在轨道上,并沿着地球磁力线的方向不停地做旋转运动。在地球的极地区域,磁力线的聚集增大了磁感应强度。沿着磁力线运动的粒子被"捕获"在地球磁力线上不停地做来回旋转运动,理论上讲,粒子应永远被困在磁场中。然而,通过散射,粒子最终可以移动到更高或更低的轨道上运动,或偏离磁力线运动。带电粒子所在的这个区域称为地球捕获辐射带,也称为范艾伦辐射带。辐射带与低能粒子组成的等离子体环境有很大的不同,辐射带里的粒子能量高达 MeV 量级,和其他与银河系宇宙射线、太阳质子事件或高空核爆有关的高能粒子一样,辐射带里的粒子不仅局限在材料表面发生作用,很可能会穿过材料的表面进入材料内部。一般认为范艾伦辐射带的纬度范围是南北纬 40°~50°之间;高度范围分两段:内带 1 500~5 000 km,外带 13 000~20 000 km,内外带之间的缝隙则是辐射较少的安全地带。地球辐射带包括 2 个电子区,其顶点分别在大约 3 000 km 和 25 000 km 的高度,还包括一个质子区,其顶点大约在 3 000 km 的高度,如图 5.8 所示。由于辐射带受地球磁场的控制,所以磁暴和太阳周期的波动会给辐射带造成影响。轨道上实际粒子通量是包含磁场纬度的这些变量的函数。

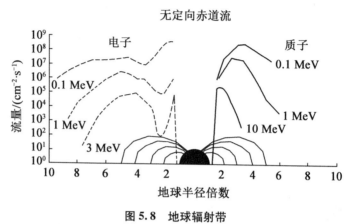

图 5.8　地球辐射带

范艾伦辐射带粒子的主要来源是被地球磁场捕获的太阳风粒子,这些带电粒子在范艾伦辐射带两转折点间来回运动,辐射带经常因为太阳风暴和其他空间天气事件膨胀,对卫星通信、导航以及宇航员构成严重威胁。当太阳发生磁暴时,地球磁层受扰动变形,而局限在范艾伦辐射带的高能带电粒子大量溢出。这些带电粒子与中性大气层发生相互作用时,可以激活周围的原子,在原子的衰退过程中会形成五颜六色的辐射光环,即人眼可观测的极光现象。磁力线使带电粒子不断地聚集到极地区域,于是,观察到在极地轨道上运行的航天器的辐射剂量率要大于在赤道轨道上运行的航天器的辐射剂量率。空间轨道的实际磁场状况和高度决定椭圆形激光圈的大小。一般地,航天器的轨道倾角小于45°时,不会与极光范围重合。

银河系宇宙射线几乎包含元素周期表中所有的元素粒子,粒子各向同性。其成分是通量极低但能量极高的带电粒子,通量约为 4 粒子/(cm² · s),能量为 10^8~10^{19} eV。GCR 的主要成分是质子,约占总数的 85%,其次是 α 粒子,约占总数的 14%,其他重核成分约占总数的 1%,图 5.9 给出了质子、α 粒子和铁离子能量谱。当 GCR 接近地球赤道时,根据它们的运动方向和能量,地球磁场会使粒子的轨迹出现弯曲,粒子要么返回太空,要么到达极地区域。因此,地球磁场能有效地屏蔽低高度/低倾斜轨道部分 GCR 的辐射。由于地球磁场受太阳活动影响,所以 GCR 通量会与太阳周期密切相关。在太阳活动低年时,GCR 能量和通量最大。GCR 重离子产生的辐射剂量率很小,穿过厚度为 1~10 g/cm² 的屏蔽层时达到 3~8 rad/a 的量级。GCR 重离子的主要效应是诱发电子设备发生单粒子事件。

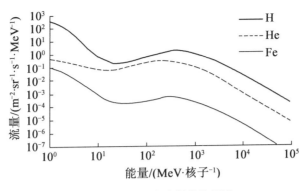

图 5.9　银河系宇宙射线能量谱

太阳周期性地喷发大量的高能质子、α 粒子以及一些重核元素粒子,这种现象称为太阳日冕物质抛射(Coronal Mass Ejection,CME)。与 GCR 一样,CME 的主要成分也是高能质子,在空间辐射研究中也称为 SPE。大多数 SPE 持续 1~5 天,但也可能持续几个小时或者一个多星期。通常使用 3 种耀斑模型来对 SPE 的大小进行分类:普通模型代表平均太阳耀斑,最坏模型为 90% 置信度耀斑(简称 90% 最坏模型),不规则的特大耀斑是建立在 1972 年 8 月发生的超大型耀斑基础上的最坏模型(简称超大模型),图 5.10 给出了不同 SPE 模型的能谱。

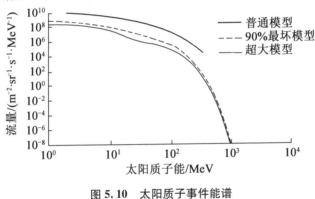

图 5.10　太阳质子事件能谱

通过对比 GEO 与太阳同步轨道上的辐射剂量与屏蔽厚度关系,可以较好地评估自然辐射的相对效应。图 5.11 表明地球同步轨道上合适的拐点位于约 1.5 g/cm^2 的屏蔽厚度,对应约 100 rad/a 的辐射剂量。由于地球磁场会让带电粒子汇集到极地区域,所以在太阳同步轨道上产生辐射的主要成分是太阳质子。太阳同步轨道的辐射更为严重,而且没有明显的适宜设计点。这种轨道将产生更加严重的辐射剂量,在屏蔽厚度为 1.5 g/cm^2 时达到 5 krad/a 的量级。

辐射环境将对材料和器件带来严重的损伤效应,可以分为长期效应和瞬态效应。长期效应是指造成材料或器件发生性能的永久改变或退化,而瞬态效应是指在短时间内可使材料或器件发生性能改变或退化,但这种改变或退化能很快恢复。辐射导致的材料或器件的长期和短期效应如图 5.12 所示。

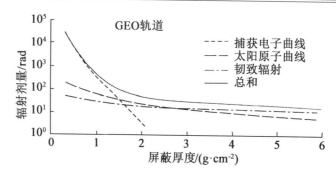

图 5.11　地球同步轨道 1 个平均年的辐射剂量与屏蔽厚度关系曲线

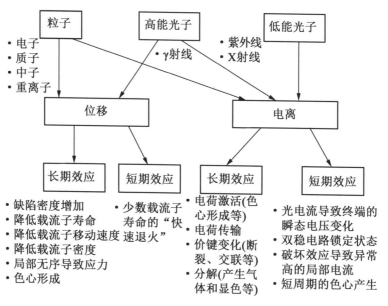

图 5.12　辐射导致的材料或器件的长期和短期效应

人们对空间辐射环境效应的关注,主要为以下几方面:辐射对生命物质的伤害、航天器电子元器件及设备的损伤或破坏,材料性能的改变等。辐射效应主要有总剂量效应和剂量率效应,对电子元器件还有单粒子效应(Single Event Effect,SEE)等。

(1)总剂量效应。

总剂量效应一般包括电离总剂量效应和非电离总剂量效应。在航天器工程中,总剂量效应一般是指电离辐射总剂量效应。空间带电粒子入射到航天器电子元器件或材料后产生相互作用,电子元器件或材料中的原子吸收能量后被电离,从而对航天器的电子元器件或材料造成总剂量损伤。总剂量效应具有长时间累积的特点,器件或材料的损伤随着辐射时间的延长,通常具有加重的趋势。这种效应与辐射的种类和能谱无关,只与最终通过电离作用沉积的总能量有关。空间辐射环境中对总剂量效应有贡献的主要是地球辐射带的电子和质子,其次是太阳宇宙射线质子;另外,辐射带电粒子在吸收材料中的韧致辐射对总剂量效应有重要的贡献。

总剂量效应的机理比较复杂,对不同的电子元器件或材料具有不同的损伤或退化机理。如对一些半导体材料,由于带电粒子辐射在材料内部产生电离的电子空穴对,因此影响材料的电学性能或光学性能;而对电子元器件,尤其是采用(Metal-Insulator-Semi-conductor,金属-绝缘体-半导体)工艺的器件,如 MOS 器件,带电粒子辐射在器件界面上生成一定数量的新界面态,影响器件中载流子的迁移率、寿命等重要参数,进而对电子元器件的电学性能产生影响。总剂量效应可导致航天器电子元器件或材料性能产生退化,甚至失效,主要表现为:热控涂层开裂、变色,太阳吸收比和热发射率衰退;高分子绝缘材料、密封圈等强度降低、开裂;玻璃类材料变黑、变暗;双极晶体管电流放大系数降低、漏电流升高、反向击穿电压降低等;MOS 器件阈值电压漂移、漏电流升高;光电器件暗电流增加、背景噪声增加等。

生命物质受到辐射作用时,会出现功能下降的现象。功能下降的根本原因在于 DNA 和 RNA 分子受到辐射作用后,丧失了细胞再生能力。细胞的变化意味着遭受辐射作用后形成的细胞与受辐射前正常的细胞有着显著的差别,细胞组织不能像受辐射前那样正常发挥功效了。细胞再生能力的下降会一代接一代地传递下去,导致再生后的细胞生命周期越来越短,细胞组织逐渐丧失了再生能力,最终死亡。美国国家科学学术委员针对航天员允许承受的最大辐射剂量给出了建议值,见表 5.2。在星际间执行飞行任务的航天器,都要在太空中运行数年,由于地球磁场无法为航天器提供阻挡 GCR 和 SPE 攻击的防护物,所以它们会遭受更大的辐射剂量。于是,航天员需要额外的防护措施,使他们免受高剂量辐射的影响。穿越星际的空间飞行需要大量的消耗性物资,在判断航天器的设计是否合理时,不仅要看航天器本身的结构是否合理,还要看用于保护航天器和乘组人员安全的防护措施是否合理。

表 5.2 推荐的航天员允许承受的辐射剂量限值

任务期限	辐射剂量限值/rad		
	皮肤(0.1 mm)	眼睛(3 mm)	骨髓(5 cm)
30 天	75	37	25
90 天	105	52	35
180 天	210	104	70
1 年	225	112	75
总量	1 200	600	400

有些材料(如半导体材料)在高能辐射作用下会发生位移损伤。位移损伤是指原子核在辐射粒子作用下产生了晶格位移,包括置换或不再位于晶格位置。这将破坏材料晶格的周期性结构,导致晶格缺陷。地球辐射带质子和太阳耀斑质子是航天器电子元器件与材料产生位移损伤效应的主要来源。位移损伤也称为体损伤,是由非电离辐射产生的累积效应引起的,非电离辐射包括各种能级的质子和离子、能量高于 150 keV 的电子、星载放射源产生的中子或一次作用产生的二次粒子等。半导体中位移损伤最主要的影响是缩短了少数载流子的生命周期。在 P 型半导体中,少数载流子为电子;在 N 型半导体中,少数载流子为空穴。

位移损伤效应可对 CCD 器件、APS 器件、光电二极管、光电传感器等产生损伤,导致性能退化甚至失效。在位移损伤效应中,太阳能电池材料是最受关注的材料之一,其关键特性参数为非电离能量损失(Nonionizing Energy Loss,NIEL),即单个粒子在材料中沉积下来用于产生位移缺陷的那部分能量。将非电离能量损失与粒子注量相乘即可获得产生位移损伤的总能量,即位移损伤剂量,也称为位移吸收剂量。太阳能电池受到辐射作用时,如果盖片的原子被电离,则产生的电子通过扩散运动会穿过盖片,被其上薄膜吸收形成色心缺陷,结果透明薄膜的颜色会变暗。一旦周围的硅原子被取代,就会改变硅的晶格结构,晶格结构的缺陷使电子的扩散运动发生偏移,于是电子扩散距离相应减小。因此,电池产生的电流和功率也随之下降。辐射不仅能使太阳能电池的电流减小,还会使它的电压降低如图 5.13 所示。为了确定辐射对特定太阳能电池究竟产生怎样的效应,不仅要知道辐射能谱,还要了解电池的结构。为了方便比较,一般把不同的粒子通量转换成 1 MeV 的电子或 10 MeV 的质子的等效通量。也就是说,能量光谱中不同分布范围的粒子产生的损伤,与单能粒子数目产生的损伤效应相同。从试验中发现,1 个 10 MeV 的质子产生的损伤大约等同于 3 000 个 1 MeV 的电子所产生的损伤。人们可以利用这种关系,对质子损伤和电子损伤进行比较。

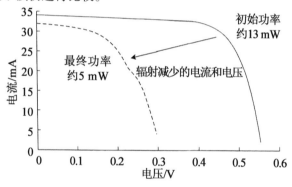

图 5.13　辐射对功率的影响

电子器件要依靠载流电子在半导体内的扩散使电子器件有效运行。半导体的扩散距离约为 1 μm,所以半导体很容易受到辐射的损伤。当这些器件中的载流电子扩散距离减小时,这些器件最终也会丧失其功能。表 5.3 给出了不同电子器件所承受的辐射剂量阈值。根据对飞行中可能遇到的辐射环境的评估,能够顺利完成飞行任务,且可用作航天器部件的材料极少。辐射除了影响电子器件,还会改变机械/电子/热控等设备上的聚合物保护膜的性质,使其功能下降。辐射效应的大小因辐射方式、剂量大小、暴露程度的不同而有所区别。一些材料在遭受 10^4 rad 量级的辐射时就会损坏,而有些材料即使受到 10^8 rad 量级的辐射还能正常工作。

表 5.3　不同电子器件所承受的辐射剂量阈值

电子器件技术	总辐射剂量/rad
CMOS(互补金属氧化物半导体)	$10^3 \sim 10^6$

续表 5.3

电子器件技术	总辐射剂量/rad
MNOS(金属-氮化物半导体)	$10^3 \sim 10^6$
NMOS(N 型金属-氧化物半导体)	$10^2 \sim 10^4$
PMNOS(P 型金属-氮化物半导体)	$10^3 \sim 10^5$
ECL(发射极耦合逻辑)	10^7
I^2L(集成注入逻辑)	$10^5 \sim 10^6$
TTL(晶体管-晶体管逻辑)/ STTL(肖特基晶体管-晶体管逻辑)	$>10^6$

　　评估辐射对电子器件产生的潜在损坏可以通过计算辐射所沉积的电荷量来估计。对于特定的传能线辐射,传能线密度为 LET,当辐射粒子在密度为 ρ_m 的材料中穿行一定距离 d_s 后,所沉积的电荷电量 Q 为

$$Q = \frac{e d_s \rho_m \text{LET}}{\text{IP}} \tag{5.14}$$

式中,e 为电子电量;IP 为从吸收体内一个中性原子中剥离一个或多个电子形成带正电离子所需要的能量。

　　例 5.2　已知硅的密度为 2.329 g/cm^3,IP = 3.62 eV,LET = 10 MeV · cm^2/mg,计算每微米硅的电荷沉积量。

　　解

$$\frac{Q}{d_s} = \frac{e \rho_m \text{LET}}{\text{IP}} = \frac{1.6 \times 10^{-19} \times 2.329 \times 1.0 \times 10^{10}}{3.62} = 0.1 (\text{pC}/\mu\text{m})$$

　　空间环境太阳电磁辐射对材料或器件的性能及寿命影响远大于地面环境作用。太阳光谱中的紫外线能量相比总辐射能较低,但其光子能量较高,可对材料或器件带来严重的威胁,如造成热控涂层和材料性能退化甚至失效,引起高分子材料性能退化。能量较高的紫外线将引起高分子材料断键,从而释放出大量的低分子量气体分子,这些分子凝结在光学材料表面,会导致表面透射率降低。紫外线辐照下,高分子材料内部产生大量强极性自由基,这些强极性自由基重新结合后形成分子链的交联及其他多种小分子,改变了高分子材料的成分和结构,最终导致材料性能下降。高分子材料在辐照后的化学反应主要为高分子链的交联和高分子链断裂。交联导致材料变脆变硬,甚至开裂,分子链断裂使高分子材料平均分子量降低,材料软化,强度下降。高分子材料在辐照作用下无论发生交联还是降解反应,都与高分子链的化学结构有关。若高分子材料亚甲基(—CH_2—)α 位置上的碳原子至少有一个氢原子,如—(CH_2—CH_x)$_n$—结构,则此高分子材料辐照交联占优势;若 α 位置上的碳原子无氢原子,如—(CH_2CR_2)$_n$—结构,则此高分子材料辐照降解机理占优势。高分子材料辐照交联和降解反应是同时存在并互相竞争的两类反应,依据不同的反应条件,即使是同一种高分子材料,有时以交联为主,也可能以降解为主。随着辐照时间的延长,相当于外界对高分子材料持续做功,那些倾向于交

联的高分子材料的交联程度增加,使强度和韧性增大,最终导致其变脆;而那些倾向于发生降解的高分子材料将变得薄弱,并不断释放出小分子气体,如 H_2、H_2O 等,破坏高分子材料原有成分而使其性能退化。累积效应通常导致不可逆的化学变化。

(2)剂量率效应。

高能辐射会在电子器件中造成位移损伤,使电子的扩散距离减小,而且还能形成一定数量的电离。电离的数量与材料的电离能和密度相关。单位体积内所产生的自由电子数 N_e 可由材料受到的辐射剂量 D、材料密度 ρ_m 和电离能 IP 计算得到,即

$$N_e = \frac{D\rho_m}{IP} \tag{5.15}$$

为讨论辐射效应方便,定义载流子产生常数来描述单位电离能产生的自由电子或空穴电子对数量密度:

$$g_j = \frac{\rho_m}{IP} \tag{5.16}$$

对于材料硅,$g_j = 4.05 \times 10^{13}\ cm^{-3} \cdot rad^{-1}$。当辐射穿过半导体 NP 结区时,电离后的粒子流与辐射剂量 D 无关,而与剂量率 $\gamma = dD/dt$ 有关,即

$$I = eAd_w g_j \gamma \tag{5.17}$$

式中,e 为电子电量;A 和 d_W 分别为结区的面积和宽度。

显然,当辐射剂量率足够高时,由辐射产生的电流就会大于电子器件中允许通过的正常电流,正常的信号会被掩盖,器件将无法正常工作。现代电子设备的体积很小,以至于一个单能粒子穿越设备时形成的辐射剂量率就足以改变器件的运行情况,形成单粒子效应。

(3)单粒子效应。

单粒子效应是指单个高能粒子穿过微电子器件的灵敏结(PN 结)时,沉积能量并产生足够数量的电荷,这些电荷被器件电极收集后,导致器件逻辑状态的非正常改变,或造成器件损毁。器件集成度提高、特征尺寸降低、临界电荷和有效 LET 阈值下降等都会使器件的抗单粒子扰动能力降低。

航天器上的单粒子效应主要是由重离子和质子引起的,而质子也是通过与半导体材料的核相互作用产生重离子进而由重离子诱发单粒子效应原子和重离子诱发单粒子效应的机理如图 5.14 所示。重离子诱发单粒子效应大致包括 2 个过程:①重离子与半导体材料的分子或原子发生碰撞,形成电荷密度很高的电离径迹,沉积电荷或能量;②当电离径迹正好穿越半导体器件的 PN 结时,径迹中大量电荷在耗尽层电场的作用下被 PN 结收集,如果收集电荷量超过某一临界值,则器件的存储状态或逻辑状态就会发生改变,导致单粒子效应的发生。因为电离径迹中等离子体密度很高,与 PN 结固有的耗尽层电场相互作用,导致耗尽层电场结构发生畸变,结果电场沿着电离径迹向纵深扩展到一定深度,形成类似漏斗的电场扩展区域,称为漏斗效应。在固有的耗尽层和漏斗区内,径迹中的电荷在电场作用下发生漂移运动,被 PN 结的两极所收集;在漏斗区下面一定深度的区域内虽然没有电场,但由于电荷的扩散运动,径迹中电荷也会进入漏斗区从而被 PN 结收集。因此,PN 结所收集的电荷来自 3 个部分:PN 结固有的耗尽层和漏斗区漂移电荷,以

及漏斗区下面一定深度内的扩散电荷。

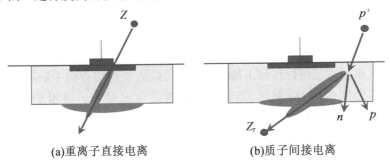

(a)重离子直接电离　　　　　　　(b)质子间接电离

图 5.14　质子和重离子诱发单粒子效应机理

对于高轨道航天器,太阳宇宙射线和银河系宇宙射线中的高能质子、重离子是引起单粒子效应的主要来源;对于低轨的航天器,如 LEO 轨道航天器,地球辐射带的高能质子、太阳宇宙射线和银河系宇宙射线中的高能质子、重离子是引起单粒子效应的主要来源。单粒子效应主要有单粒子锁定、单粒子快速反向、单粒子翻转等。

单粒子锁定是对体硅(半导体器件的一种制作工艺)互补金属氧化物半导体工艺器件危害性极大的空间辐射效应。由于体硅 CMOS 器件包含寄生的双极 PNP 和 NPN 晶体管,因此这些寄生晶体管可形成 PNPN 可控硅或可控硅整流器结构。在适当的触发条件下,P 沟道电阻或衬底电阻上的电压会使寄生的纵向 NPN 或横向 PNP 三极管导通,产生电流正反馈,最终导致 2 个寄生三极管达到饱和,并维持饱和状态,在 CMOS 反相器中造成大电流通路,此时器件不再对输入信号有反应而处于一种不正常的状态,形成闭锁状态。对单粒子锁定敏感的器件有 CMOS 器件、双极互补金属氧化物半导体器件。

单粒子快速反向与单粒子锁定类似,但主要发生在单个金属-氧化物半导体(MOS)晶体管结构内部。如果漏极区域的电场足够强,则单个高能粒子就可能激发单粒子快速反向。当 MOS 晶体管漏极和源极间的寄生晶体管对重离子导致的雪崩电流放大时,就会导致单粒子快速反向。这一效应会导致漏极与源极间的巨大电流以及由此导致的局部过热。敏感器件有 N 沟道氧化物-半导体场效应晶体管结构、绝缘衬底上的硅器件。

重离子诱发单粒子效应大致包括 2 个过程:①重离子与半导体材料的分子或原子发生碰撞,形成电荷密度很高的电离径迹,这是沉积电荷/能量的过程;②当电离径迹正好穿越半导体器件的灵敏结(PN 结)时,径迹中大量电荷在耗尽层电场的作用下被灵敏结收集,如果收集电荷量超过某一临界值,则器件的存储状态或逻辑状态就会发生改变,造成逻辑器件或电路的逻辑错误,比如存储器单元中存储的数据发生翻转("1"翻到"0"或"0"翻到"1"),进而引起数据处理错误、电路逻辑功能混乱、计算机指令流发生混乱,致使程序"跑飞",导致单粒子翻转的发生。电子设备吸收辐射越容易,发生翻转的概率就越大。单粒子翻转敏感器件有存储器件、超大规模集成电路逻辑器件。

5.3　地面模拟试验

对电子器件的试验可得到的重要参数包括:总剂量效应、锁定阈值、翻转阈值、单粒子翻转以及中子损伤效应。有许多设备可以用来进行这些试验,如闪烁X射线机和浸没γ射线源。闪烁X射线机通常用来模拟瞬时的电离辐射。这种装置依靠带电的组合电容器来储存能量。电容器放电时产生的能量通过场发射形成电子束,电子束自身也可以作为一种辐射源使用,还可以用一块钽板把电子束的能量转换为韧致X射线。在几十纳秒的时间里,从电子束就可以得到 1 Mrad 的剂量,或从 X 射线得到 1 krad 的剂量。调节辐射源和靶材之间的距离,就可以改变辐射剂量和剂量率。浸没研究中,常用^{60}Co和^{137}Cs 作为 γ 射线源。用^{252}Cf 发射出 α 粒子,可模拟单粒子事件的产生。

在航天器辐射分析中,由于航天器形状的复杂性和材料的多样性,在进行航天器三维屏蔽分析时,一般需使用数值分析方法。过去几十年里,各国开发了许多计算方法以及软件来处理空间辐射在航天器中的辐射沉积剂量。目前,常用的空间辐射环境效应分析软件主要有 SpaceRadiation、SYSTEMA、GEANT4 等。SYSTEMA 软件可以结合三维结构进行航天器内部吸收剂量的三维分布的计算和分析,GEANT4 作为常用的蒙特卡罗程序也经常用于航天器的辐射环境及效应的仿真分析。SpaceRadiation 软件是由美国开发的用于航天器、飞行器空间及大气辐射环境和辐射效应建模的工具,2014 年推出了 7.0 版本。该软件的主要功能在于空间环境参数及空间辐射效应的计算,可以模拟分析地球辐射带、太阳宇宙射线、银河系宇宙射线、中子等辐射环境对航天器的效应,用于对单粒子翻转、总剂量、位移损伤、生物学等效剂量和太阳电池损伤进行分析计算。该软件主要被设计师用于航天器和飞行器在辐射环境下的风险评估。

5.4　设计指南

为使航天器具有抵御辐射的能力,可以在敏感器件和辐射环境中间增加屏蔽体来减少辐射剂量和辐射剂量率。对于航天器的部件而言,关键是选择的材料对辐射作用有足够的余裕度。安全系数达到 5 的部件可以放心使用,安全系数介于 2~5 之间的,需要进行额外的辐射考核试验,或对其进行跟踪观察,要尽可能地避免使用安全系数小于 2 的部件。要避免单粒子翻转故障的出现,应尽量选择 LET 阈值 LET>100 MeV·cm^2/mg 的器件。对于整个航天器来说,要完全避免故障或翻转的出现几乎是不可能的,所以航天器整体设计应具有发生这些故障后仍能工作的能力。冗余设计和恢复程序也是保障任务完成的关键,如安装修复软件以便发生闭锁和翻转时能自动恢复,加大太阳阵面积,增加电分系统设计冗余等。

思　考　题

1. 估算把 10^{20} Hz 的 γ 射线流量减少 1/2,所需要的铝防护层的厚度。

2. 设计完成的一架航天器已经成功地在 500 km 高的赤道圆形轨道上运行。现在用户要求相同结构的航天器能在 20 000 km 的高空轨道上运行。讨论航天器在不同轨道所遭遇到的不同辐射环境差异,特别是哪些环境效应是不一样的。

第6章　微流星体和空间碎片环境

微流星体和空间碎片相对航天器具有非常大的运动速度,它们引起的高速、超高速碰撞能够损坏甚至毁灭航天器,对空间飞行构成严重威胁。本章重点介绍微流星体和空间碎片环境特征及对航天活动产生的危害、高速撞击动力学、撞击概率等问题。

6.1　微流星体和空间碎片环境

6.1.1　微流星体

流星体是由小行星和彗星演变而来的在太阳系内高速运动的固体粒子。当产生流星体的母体彗星向地球回归时,地球及地球轨道航天器附近的流星体数量会剧烈增加,并对航天器产生极大威胁。微流星体起源于彗星和破碎的小行星,它们具有各种不规则的外形。彗星主要由混合了较高密度矿物质的冰粒组成,平均密度为 0.5 g/cm³,小行星主要由高密度矿物质组成,平均密度为 8 g/cm³。微流星体小的直径为 0.4 μm,大的直径有数米,近地轨道微流星体粒子直径大多数为 50 μm~1 mm。二等微流星体大多数为非常小的微流星粉尘,直径小于 1 μm。微流星体在太阳引力场的作用下沿各种椭圆轨道运动,相对于地球的速度为 11~72 km/s,平均速度为 17 km/s。尽管微流星体的最高速度达 72 km/s,但是大部分粒子的直径为 200 μm,对应的质量仅为 1.5×10^{-5} g,对航天器的损伤相对较小。

微流星体一般分为零星微流星体和雨流微流星体(流星体群)。微流星体在空间的分布不均匀,许多微流星体聚集在产生它的母体彗星的轨道附近,成为流星体群。当地球穿过这些区域时,地球及地球轨道航天器将遇到更多流星体的撞击。太阳系内与地球轨道交叉的流星体群为 500 多个,每个流星体群内流星体的运动速度、方向大致相同。

微流星体的质量密度变化范围很大,有些微流星体的质量密度可能小于 0.2 g/cm³,有些达到 8 g/cm³,常用的质量密度推荐值为 0.5 g/cm³。NASA SSP-30425 给出的质量密度分布关系为

$$\rho_{\mathrm{m}} = \begin{cases} 2 \text{ g/cm}^3 & (m < 10^{-6} \text{ g}) \\ 1 \text{ g/cm}^3 & (10^{-6} \text{ g} \leqslant m \leqslant 10^{-2} \text{ g}) \\ 0.5 \text{ g/cm}^3 & (m > 10^{-2} \text{ g}) \end{cases} \tag{6.1}$$

式中,m 为微流星体质量。

由于微流星体模型大多来自撞击数据,即由在轨航天器表面的撞击数据计算得到,因此即使微流星体的质量密度与实际情况有一定偏差,最终得到的损伤预示结果仍较准确。

目前,有多种算法可用于估算微流星体的速度。将微流星体相对于地球的速度概率密度分布用具有特定速度的微粒数量比例 $n(v)$ 描述,Grün 模型给出了以相对速度为变量的概率密度:

$$n(v) = \begin{cases} 0.112 & (11.1 \text{ km/s} \leqslant v < 16.3 \text{ km/s}) \\ 3.328 \times 10^5 v^{-5.34} & (16.3 \text{ km/s} \leqslant v < 55 \text{ km/s}) \\ 1.695 \times 10^{-4} & (55 \text{ km/s} \leqslant v \leqslant 72.2 \text{ km/s}) \end{cases} \tag{6.2}$$

如图 6.1(a)所示,Grün 模型中的速度范围为 11.1~72.2 km/s,平均速度为 17 km/s。微流星体相对于在轨航天器的速度取决于航天器表面相对指向和轨道速度矢量之间的夹角。当微流星体与航天器相向运动时,相对速度是微流星体平均速度与航天器轨道速度之和,而当两者同向运动时,相对速度是流星体的平均速度与航天器轨道速度之差。

NASA SP-8013 提出了另一种流星体速度估算的模型,即 Cour-Palais 模型:

$$n(v) = \begin{cases} \dfrac{4}{81}(v-11) \exp\left[-\dfrac{2}{9}(v-11)\right] & (v > 11 \text{ km/s}) \\ 0 & (v \leqslant 11 \text{ km/s}) \end{cases} \tag{6.3}$$

在图 6.1(b)所示的 Cour-Palais 模型中,速度范围为 11~72 km/s,平均速度为 20 km/s。

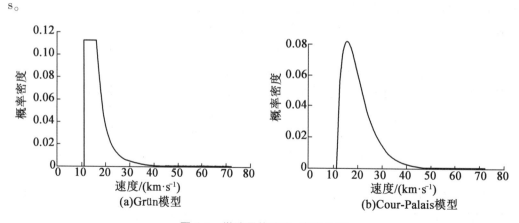

图 6.1　微流星体速度-密度分布

空间环境中自然形成的微流星体的大小及分布频率不是一成不变的,由于多数航天器的运行寿命是以月计算的,所以一般情况下,知道平均微流星体本底值就够了。在 NASA SSP-30425 中,微流星体通量定义为每平方米每年通过任意构形表面的、质量大于 m 的粒子数。距离太阳 1 AU 处微流星体通量本底值为

$$F_{MM}(m) = 3.156 \times 10^7 (A^{-4.38} + B + C) \tag{6.4}$$

式中

$$A = 15 + 2.2 \times 10^3 m^{0.306} \qquad (10^{-9} \text{ g} < m < 1 \text{ g})$$
$$B = 1.3 \times 10^{-9} (m + 10^{11} m^2 + 10^{27} m^4)^{-0.36} \qquad (10^{-14} \text{ g} < m < 10^{-9} \text{ g})$$
$$C = 1.3 \times 10^{-16} (m + 10^6 m^2)^{-0.85} \qquad (10^{-18} \text{ g} < m < 10^{-14} \text{ g})$$

式(6.4)给出的微流星体通量一般称为 Grün 模型。

在 NASA SP-8013 中,微流星体通量定义为每平方米每秒通过任意构形表面、质量

大于 m 的粒子数,即 Cour-Palais 模型。距离太阳 1 AU 处微流星体通量本底值为

$$\lg F_{\text{MMC}}(m) = \begin{cases} -14.339 - 1.584\lg m - 0.063(\lg m)^2 & (10^{-12}\,\text{g} \leqslant m < 10^{-6}\,\text{g}) \\ -14.37 - 1.213\lg m & (10^{-6}\,\text{g} \leqslant m \leqslant 1\,\text{g}) \end{cases} \tag{6.5}$$

两种模型所采用的时间单位不同,相差一个时间因子。将两种模型换成相同的时间单位进行比较,两种模型非常接近。对于地球轨道微流星体通量,除了考虑本底值外,还必须考虑地球屏蔽效应、引力聚集效应和迎风面或侧面效应。

由于地球会拦截来自地球方向、向航天器飞去的微流星体,因此星际物质流量因为地球的屏蔽而减少,根据图 6.2 的几何关系得到屏蔽因子为

$$F_{\text{shield}} = \frac{1+\cos\eta}{2}, \quad \sin\eta = \frac{R_{\text{E}}+100}{R_{\text{E}}+h} \tag{6.6}$$

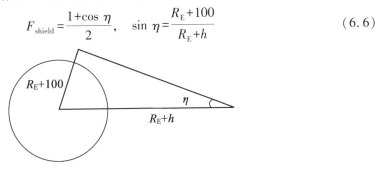

图 6.2　地球屏蔽效应几何图

地球重力场的作用会使微流星体朝地球方向聚集,与此同时,它也保护航天器免受来自地球方向的撞击。考虑到地球引力的聚集作用,引力聚集因子为

$$F_{\text{grav}} = 1 + \frac{R_{\text{E}}+100}{R_{\text{E}}+h} \tag{6.7}$$

式中, h 为航天器的飞行高度; R_{E} 为地球半径。

引力聚集因子对微流星体起到增大通量的作用。以上关系中隐含假定了任何物质穿越距离地球表面 100 km 的范围时,都会重返大气层。分布的特点使得航天器受到的大部分撞击应该发生在面向太空一面。航天器的侧面和面向地球的一面遇到的撞击物会相应减少。面向地球的一面或尾部区域部分,微流星体流量将减少 90%,而迎风面或侧面的微流星体流量减少因子为

$$F_{\text{dir}} = 0.45 + 0.75\left[1 - \left(\frac{R_{\text{E}}+100}{R_{\text{E}}+h}\right)^2\right]^{1/2} \tag{6.8}$$

航天器上任一特定部分遇到的粒子流量为

$$F_{\text{total}} = F_{\text{MM}} \cdot F_{\text{grav}} \cdot F_{\text{shield}} \cdot F_{\text{dir}}$$

6.1.2　空间碎片

空间碎片是人类在空间活动遗留的废弃物,通常包括完成任务的火箭箭体,卫星本体,执行航天任务中的抛弃物,上述物体由于碰撞、爆炸、老化和降解产生的碎片,以及火箭的喷射物等。对在轨的物体进行分类并定期跟踪,以便确定它们的轨道。在轨物体可分为 5 类,即有效载荷、火箭体、与任务相关的碎片、破裂碎片和其他碎片,可编目空间碎片主要来源分布图如图 6.3 所示。其中,有效载荷包括有效或失效的航天器部件;火箭

体是完成有效载荷发射后的火箭;与任务相关的碎片是指从有效载荷分离出来的物体;破裂碎片是指在轨部件有意或无意产生的分裂物,通常由推进系统的爆炸产生;其他碎片包括从有效载荷上意外分离的部件,通常由材料的退化所致,如热防护层和太阳电池帆板等。

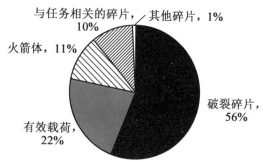

图6.3　可编目空间碎片主要来源分布图

固体发动机点火产生的Al_2O_3熔渣和微粒是非破裂原因碎片的主要来源。为了提高发动机燃烧的稳定性,在固体燃料中添加18%的铝粉。在发动机工作过程中,大约99%的铝粉以Al_2O_3微粒的形式喷射到空中,直径为$1\sim50~\mu m$。与此同时,喷管壁上捕获的Al_2O_3微粒、熔化的铝滴、脱落的隔热材料不断累积,熔焊为$0.1\sim30~mm$的熔渣,在发动机工作快结束时释放到空中。

美国在1961年10月21日和1963年5月12日进行了2次西福特(West-Ford)铜针试验,计划将数亿根直径分别为$17.8~\mu m$和$25.4~\mu m$、长为$1.78~cm$的铜针作为偶极天线混合凝固在萘内,散布在高度$3~600~km$左右、近极地倾角的轨道上。设想当萘升华后,铜针能够在空间散布成一条射频反射带,供地面超短波通信用,以解决当时远程通信问题。许多铜针在空间环境没有完全散布开,形成了大小不一的针团。据统计,第一次试验产生了约$40~000$个针团,第二次试验产生了约$1~000$个针团。数量如此巨大的铜针对航天器安全造成了重大威胁。该试验计划因通信卫星的发展和各国各界的抗议而告终。

空间碎片出现在绕地轨道上,速度为$8~km/s$的量级。因此,空间碎片对航天器的冲击速度将小于微流星体,并且空间碎片碰撞主要发生在航天器迎风面。与微流星体不同,太阳活动周期的变化影响气动阻力,也会对空间碎片产生影响。更重要的是,如果比较相同大小的粒子,一些常用轨道出现空间碎片的概率要大于微流星体。高速撞击的过程中,从物体表面释放出来的物体,自身也变成了轨道碎片。$1~kg$的铝可以形成几十万个$1~mm$大小的微粒,小型物体甚至也会造成巨大的空间碎片效应。空间碎片按尺寸分为大碎片、小碎片和微小碎片。大碎片是尺寸大于$10~cm$的废弃人造空间物体。通过光学望远镜及雷达可以观测并确定其轨道上探测到的物体尺寸如图6.4所示。人类在过去几十年进行的空间发射中,已送入空间被跟踪观测并编目的物体及其破碎物超过$27~000$个。小碎片的尺寸为$1\sim10~cm$,它们可以通过天基雷达和地基雷达观测到。但是,对这类碎片不能进行有效可靠的跟踪。根据模型估算,超过20万块。微小碎片的尺寸在$1~cm$以下,这类碎片主要靠天基探测和空间飞行试验回收样品的分析结果建立环境模型来估算。据估计,目前大于$0.1~mm$的碎片有200亿块。

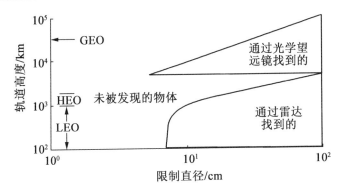

图 6.4　轨道上探测到的物体尺寸

尽管人们目前还无法明确地定义和了解空间碎片环境,也不知道超过 700 km 高度的小型空间碎片的具体数目,但可以算出 1 年中在 1 m² 的面积上直径为 $d(cm)$ 的粒子流大致为

$$F_{OD}(d) = H(d)\phi(h,S)\psi(i)\left[F_1(d)g_1(t) + F_2(d)g_2(t)\right] \tag{6.9}$$

式中

$$H(d) = \left\{10^{\exp[-(\lg d - 0.78)^2/0.637^2]}\right\}^{1/2}$$

$$\phi(h,S) = \frac{\phi_1(h,S)}{\phi_1(h,S)+1}$$

$$\phi_1(h,S) = 10^{\frac{h}{200} - \frac{S}{140} - 1.5}$$

$$F_1(d) = (1.22 \times 10^{-5})d^{-2.5}$$

$$F_2(d) = 8.1 \times 10^{10} \times (d+700)^{-6}$$

$$g_1(t) = (1+q)^{t-1988}$$

$$g_2(t) = 1 + p(t - 1988)$$

式中,h 为轨道高度;S 为 13 个月平均的太阳辐射流;i 为轨道倾角;t 为事件发生年(<2011);p 为假定的未碰撞目标的增长速度,$p = 0.05$;q 用于估算碎片增长速度,$q = 0.02$;$\psi(i)$ 为描述流量和倾角关系的函数,$\psi(i)$ 与倾角的关系如图 6.5 所示。

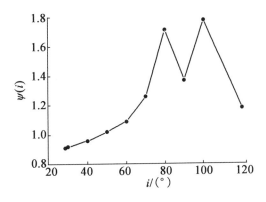

图 6.5　$\psi(i)$ 与倾角的关系

小于 0.62 cm 的空间碎片的密度约为 4 g/cm³，大于 0.62 cm 的空间碎片的密度约为 2.8$d^{-0.74}$ g/cm³，其中 d 为粒子直径(cm)。在特定轨道中的空间碎片流量超出了微流星体的流量。空间碎片质量变化图和空间碎片数量演变情况如图 6.6 和图 6.7 所示。

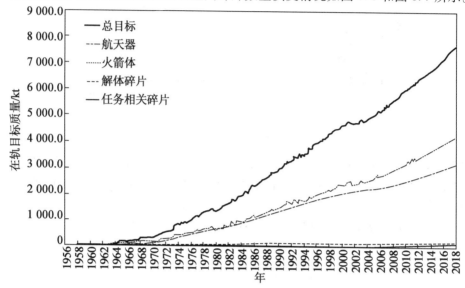

图 6.6 空间碎片质量变化图

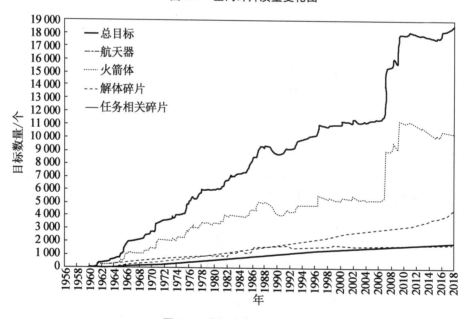

图 6.7 空间碎片数量演变情况

空间碎片数量的分布随人类空间活动的频繁程度变化，其随轨道高度和倾角的数量分布非常不均匀。发射到轨道的航天器质量的 45% 在 LEO，28.8% 在 GEO，6.4% 在中地球轨道，8.75% 在地球同步轨道(Geostationary Transfer Orbit，GTO)和高偏心率轨道(Highly Elliptical Orbit，HEO)，11.15% 在地球同步轨道圈以外。由于航天器发射时最可能遭遇空间碎片流的撞击,因此常用的轨道高度和倾角正是出现严重问题的地方。在较低的空间,大气阻力作用使得空间碎片轨道高度逐渐降低并坠入大气层,因此在 300～1 000 km 的范围内,空间碎片流量将以对数形式增加,在 1 000～2 000 km 的范围内,空间碎片流量保持相对不变的数量。低地球轨道空间碎片数量密度最大的区域在 760 km、840 km 和 1 400 km 附近,形成一个空间碎片壳层,遥感卫星、气象卫星、科学探测卫星大部分工作在这些区域,低轨道空间碎片密度随轨道高度分布图如图 6.8 所示。这一区域的星座造成了数量密度的局部尖峰。低地球轨道以上空间碎片最密集的区域为地球同步轨道,轨道高度为 35 786 km。

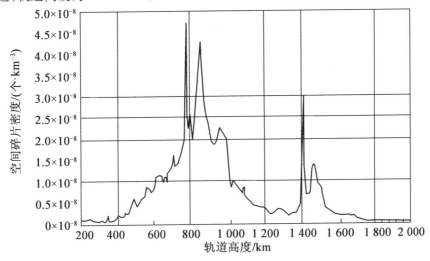

图 6.8　低轨道空间碎片密度随轨道高度分布图

6.1.3　微流星体和空间碎片对空间活动的危害

在轨道上,撞击的速度一般为 10 km/s 量级。微流星体和空间碎片与航天器发生撞击,将会对航天器造成潜在的致命后果。高速撞击的效应很大程度上取决于撞击时微粒速度的大小。当速度小于 2 km/s 时,撞击微粒将完好无损;当速度在 2～7 km/s 时,撞击微粒将破裂成碎片;当速度为 7～11 km/s 时,微粒将呈熔融状态;当速度超出 11 km/s 时,微粒将发生汽化。微流星体和空间碎片会造成载人航天器穿孔,甚至穿透宇航服,严重威胁航天员的舱内外活动安全。大部分航天器结构为碳纤维铝蜂窝芯复合材料结构,航天飞机贝塔布在空间碎片撞击下的损伤形貌如图 6.9 所示。碎片撞击表面板或穿透后,蜂窝单元膨胀、破裂、爆炸会导致面板局部扭曲变形,危及结构板局部稳定性,破坏金属镶嵌物附近环氧树脂封装结构的完整性,造成安装设备的松动,影响仪器的正常工作。结构板穿孔产生的高速或低速喷出次级碎片云粒子会造成敏感部件的碰撞污染,对内部的电子及机械装置造成损害,使卫星电路短路、断路或绝缘破坏,其后果可能是灾难性的。

微粒撞击压力容器造成穿透损害,将产生额外推力,使航天器姿态失控,足够大的推力可能造成航天器某些薄弱环节变形或断裂,甚至会发生爆炸。航天器的推进剂贮箱穿透产生泄漏,将导致航天器严重污染,并缩短寿命,严重时也会造成航天器爆炸解体。2022 年国际空间站上停靠的俄罗斯轨道舱外部散热系统被微流星体撞击,出现了一个直径为 0.8 mm 的孔洞,冷却剂在不到 2 h 的时间内全部喷射而出,原计划的返回任务不得不终止。

图 6.9　航天飞机贝塔布在空间碎片撞击下的损伤形貌

星载天线受到碰撞会造成天线变形,性能下降。天线定向和驱动机构损伤会使天线指向偏离,影响飞行任务的效果,甚至导致卫星失效。撞击使粒子气化,会形成电磁干扰及其他可能的损害等。尽管这些微粒撞击形成的电磁干扰级别很低,但灵敏的航天器设备仍能探测到它们的存在。当用环形平面交叉法作为推断与外部星球相遇的粒子密度时,搭载在 Voyage 航天飞机上的电场探测仪就曾监测到了撞击于天线上的尘埃形成的电磁干扰现象。

太阳帆板局部碰撞发生损伤,可能造成电池阵短路、断路,使供电能力下降。微流星体和空间碎片撞击太阳能电池形成针眼连接,当横截面积大于投影面积时,就会吸引经过横截面上方的离子。离子聚集导致这些较小的负电位面会聚集很大的电流,使得从针孔聚集的电流将要增大一个量级,撞击形成针眼导致离子聚集的示意图如图 6.10 所示。空间碎片对帆板定向和驱动机构的碰撞损坏,将导致帆板指向偏离太阳,降低航天器供电能力。蓄电池碰撞泄漏会使蓄电池供电能力丧失,影响航天器正常工作。

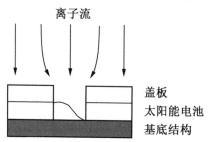

图 6.10　撞击形成针眼导致离子聚集的示意图

非穿孔处的撞击会使航天器表面材料凹坑、汽化、电离,产生等离子体云,导致表面材料或部件性能退化。在最早执行的 30 次航天飞机飞行任务中,有 18 次的飞行经历了27 次舱窗损坏,图 6.11 所示为国际空间站上的撞击坑。对于光学材料,将导致光线散射程度急剧增加,仪器光学性能下降;对于热控涂层材料,热吸收系数将变大,航天器热控性能下降;对于多层绝热材料,隔热性能将降低,甚至会形成冷点,并使其附近设备、仪器失效;对于太阳电池盖板,产生的砂蚀效应会使盖片透光性能下降,太阳电池阵供电能力随之逐渐衰减;对于原子氧防护膜,损伤处潜蚀将导致防护失败。

图 6.11 国际空间站上的撞击坑

大部分航天器在工作寿命结束 10 年以上发生爆炸,运载末级系统更是如此。例如:大力神 3-C 末级发射 22 年后爆炸,东方号末级发射 33 年后爆炸。因此,对工作寿命结束的航天器进行钝化或加速离轨操作是减少空间碎片数量的有效方法。依据航天器空间解体时释放的能量估算,爆炸和碰撞产生的一次空间碎片的尺寸主要在 0.1~1 m 范围内。这些碎片数量和尺寸主要依靠高灵敏度的地基光学望远镜、地基雷达、天基探测传感器、返回到地面在轨撞击试验样品观测、探测和分析获得。尽管可以利用数值仿真软件对爆炸结果进行预测,地基爆炸和超高速撞击试验依然是必需的,而且地面试验还能够提供在轨解体破裂的模式、碎片尺寸、速度谱等。

对微流星体和空间碎片撞击危害的认识,有助于航天器进行针对性防护。国际空间站载人舱进行了空间碎片防护设计,可以抵挡直径 1 cm 以下空间碎片以轨道速度的超高速撞击。同时,国际空间站、航天飞机建立了避免空间碎片撞击的机动变轨的规则。国际空间站平均每年要进行一次避免与空间碎片、微流星体碰撞的轨道机动。

6.2 高速撞击

低速撞击、高速撞击与超高速撞击的区别在于其物理现象不同。低速撞击时,研究的是结构动力学问题,局部侵彻与结构总体变形效应紧密耦合在一起;高速撞击时,撞击点附近靶材料的密度和强度起主要作用;超高速撞击时,材料的惯性效应、可压缩性效应及相变效应起主要作用。空间碎片撞击效应需要用超高速撞击的理论和方法去研究。数值模拟由于可以方便获得大量直观信息而成为空间碎片撞击效应流行分析方法。

在超高速仿真研究中,应用较广泛的是任意拉格朗日 - 欧拉(Arbitrary Lagrange-Euler, ALE)网格算法。超高速撞击是指撞击物质间的相对速度超过了被撞材料中的声速,声速的典型值为 4~5 km/s。撞击时,若相对速度大于 2 km/s,一般撞击材料的撞击犹如液体一样。在低地球轨道上,2 个逆向运行的物体的相对速度高达

14 km/s;在地球同步轨道上,2个逆向运行的物体的相对速度也可达 6 km/s。流星体的冲击速度可高达 75 km/s。ALE 兼有拉格朗日网格和欧拉网格的特点,即结构边界运动的处理上引进了拉格朗日法,能够跟踪物质结构边界。拉格朗日网格多用于固体结构的应力应变分析,以物质坐标为基础,有限元节点即为物质点,结构形状的改变随单元网格变化,物质不会在单元间流动。ALE 算法在内部网格划分上,吸收了欧拉的长处,即网格单元独立于物质实体,网格可以根据定义的参数在求解过程中适当调整。欧拉网格是以空间坐标为基础的,网格与物质结构独立,网格在整个分析过程保持不动,有限元节点为空间点。Euler 网格间物质可以流动,主要用于分析流体。

　　空间碎片撞击后不一定导致目标靶板穿孔,产生的损伤模式随碎片及靶材料、结构参数的变化有很大不同。充分认识具体的撞击损伤模式有助于对航天器故障或失效进行分析。通过大量超高速撞击试验,可以掌握不同材料、结构出现穿孔的规律,进而建立弹道极限方程。对于不穿孔的情况,根据损伤模式建立相对应的损伤方程。通过超高速撞击试验和仿真分析,可以详细了解产生的二次碎片云的时空分布演化规律以及可能会对航天器产生的二次撞击损伤情况。根据地面模拟试验获得的数据建立超高速撞击特性数据库,用来支持航天器在微流星体和空间碎片环境的撞击失效分析,仿真计算和超高速撞击试验得到的二次碎片云结果对比如图 6.12 所示。

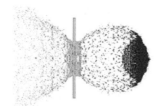 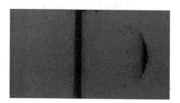

(a)有限元仿真结果　　　　　　(b)高速撞击试验结果

图 6.12　仿真计算和超高速撞击试验得到的二次碎片云结果对比

　　在高速撞击研究中,一般以临界穿孔作为航天器舱壁结构失效的准则,用临界弹丸直径与撞击速度之间的关系曲线表征结构耐受空间碎片撞击的性能,这类曲线称为结构的弹道极限曲线。常见的单层板弹道极限为

$$t_d \approx K_1 m_p^{0.352} \rho_t^{0.167} v^{0.875} \tag{6.10}$$

式中,t_d 为可穿透的极限厚度;K_1 为材料常数;m_p 为弹射体质量;ρ_t 为靶材料密度;v 为撞击物相对物体表面法向的速度分量。

　　几种常见材料的 K_1 值见表 6.1。

表 6.1　K_1 的取值

材料		K_1
铝合金	2024-T3	0.54~0.57
	7075-T6	0.54~0.57
	6061-T6	0.54~0.57

续表 6.1

材料		K_1
不锈钢	AISI 304	0.32
	AISI 316	0.32
	退火处理的 17-4Ph	0.38
镁锂	LA 141-A	0.80
铌合金	Cb-1Zr	0.34

美国长期暴露装置(Long Duration Exposure Facility,LDEF)的试验结果表明,对于铝材料,$K_1 = 0.72$。没有穿透物体表面的撞击微粒,将在撞击物体表面形成凹坑。凹坑的深度 P_d 近似为

$$P_d = 0.42 m_p^{0.352} \rho_t^{0.167} v^{0.667} \tag{6.11}$$

图 6.13 给出了铝的凹坑深度和穿透厚度与抛射物尺寸的关系,下标 p 表示抛射物,t 表示被撞击的物体。需要注意的是,在目标物体表面到撞击点 3~4 倍撞击微粒直径的范围内,撞击微粒会改变目标物体表面的材料性质。

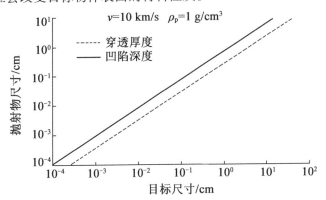

图 6.13　铝的凹坑深度和穿透厚度与抛射物尺寸的关系

微流星体和空间碎片密度在轨道上的分布是离散的、不均匀的。并且,空间碎片在轨道上处于不停高速运动的状态,按照某一瞬间粒子的位置定义并计算空间粒子的密度是没有意义的。通常,模型采用一个轨道周期内粒子的平均密度,即概率密度。给定微流星体和空间碎片的平均通量,可用泊松分布表示在某个特定时间段内发生碰撞的概率。泊松分布可以表示为

$$P(n, \lambda_n t) = \frac{1}{n!} (\lambda_n t)^n \exp(-\lambda_n t) \tag{6.12}$$

式中,P 为给定事件发生的概率;n 为事件的次数;λ_n 为单位时间内事件发生次数的平均值;t 为特定的时间段。

粒子撞击数为

$$N = \lambda_n t = \int_t^{t+T} \sum_i k_i F(m) A_i \, \mathrm{d}t \tag{6.13}$$

式中，A_i 为第 i 个外表面积；k 因子反映了速度效应；$F(m)$ 为质量大于 m 的粒子在单位时间内通过单位面积的平均通量密度。

航天器同时暴露在微流星体和空间碎片中，那么通量密度应该为两者之和：

$$F(m) = F_m(m) + F_d(m) \tag{6.14}$$

为了讨论航天器速度效应，考虑一个表面平板单元。假定微流星体和空间碎片通量是全向的，平板运动方向是任意的。图 6.14 中一个粒子以速度 $\boldsymbol{v}_i$ 撞击运动平板，撞击角为 α，平板的运动速度为 $-\boldsymbol{v}_s$，与平板法向矢量 $\boldsymbol{s}$ 的夹角为 β。

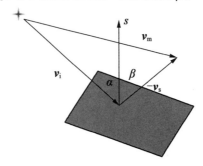

图 6.14　粒子撞击运动平板示意图

以速度 v_m 撞击运动平板的粒子通量可写成

$$\zeta = n(v_m)\boldsymbol{s} \cdot \boldsymbol{v}_i \tag{6.15}$$

式中，$n(v_m)$ 为撞击概率。

粒子的撞击速度 $\boldsymbol{v}_i$ 可表示为

$$\boldsymbol{v}_i = \boldsymbol{v}_m + \boldsymbol{v}_s \tag{6.16}$$

式中，$\boldsymbol{v}_s$ 以朝向面内的方向为正值。

结合式（6.15）和式（6.16）有

$$\zeta = n(v_m) \cdot \boldsymbol{s} \cdot (\boldsymbol{v}_m + \boldsymbol{v}_s) = n(v_m) \cdot \boldsymbol{s} \cdot (v_m\cos\alpha + v_s\cos\beta) \tag{6.17}$$

当粒子速度 v_m 为常数时，令 $n_0 = n(v_m)$ 为随机方向粒子的概率，则平板上总撞击通量为

$$\begin{aligned}\zeta_t &= 2\pi n_0 \int_0^{\alpha_m} (v_m\cos\alpha + v_s\cos\beta)\sin\alpha \, \mathrm{d}\alpha \\ &= \pi n_0 \frac{(v_m + v_s\cos\beta)^2}{v_m}\end{aligned} \tag{6.18}$$

式中，α_m 为临界角，$\cos\alpha_m = \dfrac{-v_s\cos\beta}{v_m}$。

由此得到速度影响因子：

$$k = \frac{\zeta_t(v_s)}{\zeta_t(v_s = 0)} = \left(1 + \frac{v_s}{v_m}\cos\beta\right)^2 \tag{6.19}$$

当 $v_m = v_s$ 时，$k = (1 + \cos\beta)^2$，此时 k 与 β 的关系图如图 6.15 所示。航天器飞行速度与微流星体的撞击速度相等时，航天器正前向撞击通量是正侧向撞击通量的 4 倍，而航天器正后向的撞击通量为零。

当 $v_s = 7.6\ \text{km/s}$，$v_m = 16.8\ \text{km/s}$ 时，$k = (1 + 0.45\cos\beta)^2$，此时 k 与 β 的关系图如图

6.16 所示。计算结果表明,航天器正前向撞击通量是正侧向撞击通量的 2.11 倍,而航天器正后向的撞击通量仅为正侧向撞击通量的 30%。

由粒子撞击数可得到在同样时间间隔内,n 次撞击发生的概率为

$$P_n = \frac{1}{n!}N^n \exp(-N) \tag{6.20}$$

由微流星体和空间碎片引起表面 A 的一次或多次碰撞的概率为

$$p_{m+d}[n \geqslant 1, F_{m+d}(m)At] = 1 - \exp[-F_{m+d}(m)At] \tag{6.21}$$

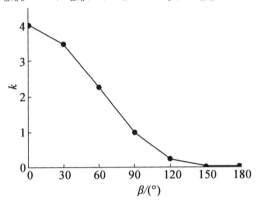

图 6.15　k 与 β 的关系图$(v_m = v_s)$

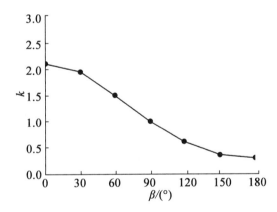

图 6.16　k 与 β 的关系图$(v_s = 7.6\ \mathrm{km/s}, v_m = 16.8\ \mathrm{km/s})$

6.3　地面模拟试验

有效的微流星体和空间碎片环境模型对航天器抵挡或避免潜在的撞击具有重要价值。目前可用的微流星体和空间碎片环境模型包括:美国 NASA 的微流星体工程模型 MEM(Meteoroid Engineering Model)和轨道碎片环境模型 ORDEM(Orbit Debris Engineering Model),以及欧洲航天局 ESA(European Space Agency)的微流星体及空间碎片地面环境参考模型 MASTER(Meteoroid and Space Debris Terrestrial Environmental Reference Model)。

NASA 的 MEM 是一个用于估算距离太阳 0.2~2.0 AU 的行星际空间内微流星体通

量的数值模型,可提供流星体的通量、速度和运动方向数据。如果给定一个状态矢量,则该模型能够提供流星体与撞击面相向运动时,单位体积结构撞击面上的流星体通量和碰撞速度。ORDEM 可用于提供大小介于 $10 \mu m \sim 10 m$,高度介于 $200 \sim 2\,000\ km$ 的碎片信息的数值模型。该模型能够为航天器设计人员和碎片观测人员提供碎片的平均速度和以微粒直径为变量的累积平均质量通量等信息,输入参数是轨道特征(半长轴、偏心率、轨道倾角、近地点角和升交点赤经)、任务持续时间和轨道的分段数目等。ESA 流星体及空间碎片地面环境参考模型是一个统计数值模型,用于描述产生于彗星和小行星的流星体,并提供静止轨道或更高轨道高度上大小不小于 $1 \mu m$ 的碎片信息。该模型综合了行星引力作用、波廷-罗伯特森效应(太阳辐射导致的太阳系内的微尘颗粒缓慢地、螺旋式地趋向太阳的效应)、从伽利略号和尤里西斯号航天器获得的数据,以及阿波罗计划获得的月球岩石的样本等相关内容,是以流星体释放和分布的物理过程及地面和航天器的观测数据为基础建立的,可用于预测大小介于 1 微米至数厘米、距离太阳 $0.1 \sim 10\ AU$ 的流星体通量和速度。该模型还可用于计算相对于一个在轨航天器的通量或相对地球的某固定空间的空间碎片通量,依据碎片的不同来源,如物体爆炸和碰撞碎片,或火箭发动机碎片等,可对通量的成分进行分析,计算结果包括质量、尺寸、速度和方向等。

利用范德格拉夫加速器,可以让质量在 $10^{-15} \sim 10^{-10}\ g$ 范围内的带电物体的速度达到 $40\ km/s$。对以 $1\ g$ 量级的质量大一些的物体的研究,必须借助轻气炮,它产生的高压气流可以使微粒的速度增加,图 6.17 给出了轻气炮工作原理图与实物图。$1\ g$ 的弹丸的速度可以达到 $16\ km/s$,因此撞击速度非常快。

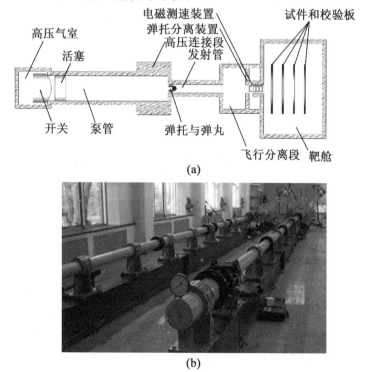

(a)

(b)

图 6.17　轻气炮工作原理图与实物图

6.4　设计指南

在制定和执行空间任务时,应建立适当的消除空间碎片计划来降低碎片环境对航天器的不利影响。需要考虑的因素应包含:正常操作产生的碎片、爆炸或有计划地分离而产生的碎片、在轨碰撞产生的碎片和任务完成后处置产生的碎片。目前,已有多个由国际空间碎片协调委员会及 NASA 制定的准则和标准,可以用于有效地减少空间碎片。

采取主动措施把较大型微流星体和轨道碎片撞击发生的可能性或后果降到最小。让航天器敏感表面远离迎风面方向,或通过改变轨道高度/倾斜角调整航天器的姿态来降低轨道碎片攻击的可能性。在航天器的前沿部位使用缓冲器,图 6.18 所示为 Whipple 防护结构示意图。缓冲器由中间相隔几厘米的片状防护物体组成。最外层的防护物体可能会被撞击穿透,但它能让微粒破裂成更小的碎片,这些碎片会被缓冲器后面的一层防护物阻挡住。用 Kevlar 等材料防护层可以加强缓冲器的强度,这样可以减少由第一次撞击产生的小型粒子的数量。

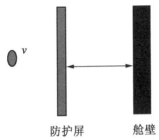

防护屏　　　　舱壁

图 6.18　Whipple 防护结构示意图

思　考　题

1.航天器横截面积为 1 m^2,在微流星体和空间碎片环境中发生一起质量大于 5×10^{-4} g 的微粒撞击事件的平均时间是 0.1 a。分别计算 1 a、5 a 和 10 a 内发生一起碰撞事件的概率。

第 7 章　空间热环境

　　航天器主要工作环境是地球大气层以外的宇宙空间,而且还要经历从地球到运行轨道的过渡环境,所处的热环境完全不同于地球,有的航天器还要返回地面,再入大气层时与空气高速摩擦引起舱体表面温度急剧升高。为了使航天器能在预定的温度条件下工作,需要对航天器进行热控制或防隔热设计。本章重点介绍空间深黑低温环境、空间外热流、传热基本理论、再入气动加热、再入热防护、航天器热控制等内容。

7.1　空间深黑低温环境

　　太阳系内行星际空间是由行星际介质主导围绕着太阳和行星的空间。20 世纪 50 年代之前,人们普遍认为行星际空间是略含尘埃和宇宙线的真空世界,偶尔才受到太阳抛射的低能带电粒子的干扰。Parker 在 1958 年提出了日冕定常膨胀模式,从理论上证明了太阳连续向外辐射微粒流的可能性,并定义该微粒流为太阳风。行星际空间的主要介质是太阳活动产生的气体质点,主要成分为氢离子(约占 90%),其次是氦离子(约占 9%),太阳风中的质点密度为 5~10 粒子/cm,压力极低。当大气压力降至 10^{-3} Pa 以下时,气体的热传导和对流换热便可忽略不计,航天器与空间环境的热交换几乎完全以辐射的形式进行。

　　航天器的几何尺寸与它和行星/恒星之间的距离相比小得可忽略不计,从热交换的角度,完全不需要考虑行星/恒星对其辐射的反射,可以认为它自身的辐射全部加入宇宙空间,亦即空间环境相对航天器可以认为是黑体。宇宙空间气体极为稀薄,不发热的物体只有依靠吸收辐射与内部运动保持温度平衡。宇宙空间背景上的辐射能量极小,仅约 10^{-5} W/m^2,相当于 3 K 绝对温度的黑体辐射。空间冷黑环境是航天器在飞行轨道中经历的主要环境之一。

　　航天器在空间运行时还处于微重力状态。航天器的结构分为非密封结构和密封结构。对非密封结构的航天器,在入轨过程中,舱内气体逸入空间,使舱内处于真空状态,不存在对流换热。对密封结构的航天器,在空间微重力的作用下,舱内因温差而产生的空气自然对流换热非常微小,可以忽略不计。所以对于那些在地面上依靠气体自然对流来散热的仪器和元器件,在应用到航天器上时,必须考虑其他的散热措施,进行专门的热设计,才能保证仪器设备和元器件所要求的温度范围。否则,在仪器设备入轨后,会因突然失去地面空气自然对流的作用,热量散失受阻,温度很快升高,有可能超出所要求的工作温度范围。微重力也会对一些传热器件带来有利的影响,如在微重力条件下工作的热管,可以不考虑几何位置对其性能的影响。一些有运动机构的主动温控装置,也因重力减小而比较容易驱动与控制。

7.2　空间外热流

从近地空间到行星际空间,空间热源主要是太阳辐射、地球、月球和各行星的热辐射及它们对太阳辐射的反射。

太阳不断地向空间辐射大量的能量,总辐射能中的 99.99% 是波长为 $0.18\sim40\ \mu m$ 的辐射能。在地球大气层外 1 AU 处,其辐射密度为 $1\,300\sim1\,400\ W/m^2$。除太阳的辐射密度之外,太阳辐射光谱对航天器热平衡也会产生较大影响。因为不同材料对不同波长的单色吸收比各异,因此对太阳总吸收比有较大差别。太阳紫外线辐射一般指波长小于 $0.38\ \mu m$ 的辐射,$0.3\ \mu m$ 以下的紫外线辐射仅占太阳总辐射能的 1%。紫外线辐射对材料有破坏作用,尤其是对航天器外表面的热控涂层性能影响较大。从近地轨道至地球静止轨道的高度上,太阳光被认为是均匀的平行光束,其辐射强度为一个太阳常数 S,航天器外表面任一微元面积 dA 上(图 7.1)所受到的太阳辐射外热流为

$$dq_1 = \phi_1 SdA \tag{7.1}$$

式中,$\phi_1 = \cos\beta_S$ 称为太阳辐射角系数。

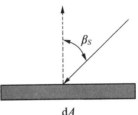

图 7.1　太阳辐射外热流图

地球接受太阳的辐射,同时自身不断向空间进行热辐射并反射太阳辐射(反照)。通常把地球及其周围的大气作为一个整体考虑。地球的能量主要来自太阳辐射,地球获得的太阳辐射能约为 $1.7\times10^{14}\ kW$,其中约 2/3 被地球及大气层所吸收,并转化为热能后以长波方式辐射到空间,此能量即为地球的红外辐射,其余的太阳辐射被地球反射到空间去,称为地球反照。在考虑地球反照时,需引入地球对太阳的反射比 ρ,它是地球反射的太阳辐射与入射辐射之比。在航天器热设计时,建议取全球年平均值 $\rho = 0.3\pm0.02$。地球表面对航天器外表面上任一微元面积 dA 的地球反照辐射外热流(图 7.2)为

$$dq_2 = \phi_2\rho SdA, \quad \phi_2 = \iint_{A'_E} \frac{\cos\alpha_1\cos\alpha_2\cos\eta}{\pi l^2}dA_E \tag{7.2}$$

式中,ϕ_2 为地球反照角系数;A'_E 为受到太阳直接照射的地球表面积;dA_E 为地球表面微元面积;l 为 dA_E 至 dA'_E 之间的距离。

地球红外辐射外热流示意图如图 7.3 所示,航天器外表面上任一微元面积 dA 受到整个地球表面 A_E 的红外辐射外热流为

$$dq_3 = \frac{1-\rho}{4}\phi_3 SdA, \quad \phi_3 = \iint_{A_E} \frac{\cos\alpha_1\cos\alpha_2}{\pi l^2}dA_E \tag{7.3}$$

式中, ϕ_3 为地球红外角系数。

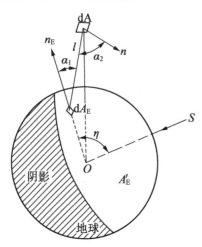

图 7.2　地球反照辐射外热流示意图

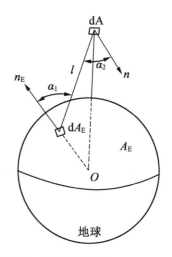

图 7.3　地球红外辐射外热流示意图

精确计算地球的红外辐射十分困难,它的大小与地球表面状态、位置、季节变化都有密切关系。为了工程应用和简化计算,假定地球是一个均匀辐射的热平衡体,并且地球表面上任一点的红外辐射强度都相同,可把地球等效为 250 K 左右的绝对黑体,地球表面的平均辐射密度取为 237 W/m^2。

随着航天技术的发展,人类对月球、火星、金星的表面状态有了较多的了解。月球表面的大气压力不大于 2×10^{-10} Pa。由于大气极为稀薄,月面昼夜温差悬殊,赤道表面日照的最高温度为 373.6 K,最低夜间温度为 119.7 K。月面的平均太阳辐射半球反射比为 0.073。金星的直径为地球的 0.92 倍,大气密度是地球海平面大气密度的 50 倍,大气压力为 (8.8 ± 0.15) MPa,温度为 (747 ± 20) K。金星的平均太阳辐射半球反射比为 0.59。火星的直径为地球的 0.53 倍,气压为地球表面气压的 1%。温度在不同纬度及一天的时间内变化很大,日变化达到 80~1 000 K。日间最高温度为 253 K,而南极冠状区中心的温度低至 115 K。火星的平均太阳辐射半球反射比为 0.15。

7.3　传热基本理论

热传导是指在温度梯度的影响下,热能从物体的一部分转移到另一部分,依靠分子、原子及自由电子等微观粒子热运动产生的热量传递。从微观角度看,气体导热是气体分子运动碰撞;导电固体是相当多的自由电子运动,非导电固体是微观粒子在平衡位置附近振动。热传导主要指固体的热能由一个分子转移给另一个分子,但在液体和气体中也会有热传导现象存在。

大量实践经验证明,单位时间内通过单位截面积所传递的热量,正比于垂直截面方向上的温度变化率,即

$$\Phi = -kA \frac{\mathrm{d}T}{\mathrm{d}x} \tag{7.4}$$

式中,Φ 为热流量;k 为导热系数;A 为截面积;$\mathrm{d}T/\mathrm{d}x$ 为物体温度沿 x 轴方向的变化率,导热示意图如图 7.4 所示。

式(7.4)为一维傅里叶定律,也是导热基本定律,用热流密度 q 表示的形式为

$$q = \frac{\Phi}{A} = -k\frac{\mathrm{d}T}{\mathrm{d}x} \tag{7.5}$$

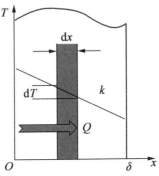

图 7.4 导热示意图

对于常物性,三维非稳态传热且有内热源的导热微分方程为

$$\frac{\partial T}{\partial \tau} = a\,\nabla^2 T + \dot{Q}, \quad a = \frac{k}{c_p \rho_{\mathrm{m}}} \tag{7.6}$$

式中,a、c_p 和 ρ_{m} 分别为热扩散率、比定压热容和密度;$\partial T/\partial \tau$ 为非稳态传热的温度变化率;$\dot{Q}$ 为内热源项;$a\,\nabla^2 T$ 为热扩散项。

笛卡儿坐标系下,$\nabla^2 = \nabla \cdot \nabla = \dfrac{\partial^2}{\partial x^2} + \dfrac{\partial^2}{\partial y^2} + \dfrac{\partial^2}{\partial z^2}$,$\nabla = \boldsymbol{i}\dfrac{\partial}{\partial x} + \boldsymbol{j}\dfrac{\partial}{\partial y} + \boldsymbol{k}\dfrac{\partial}{\partial z}$ 为微分算子。

对流换热是在固体表面与其接触的液体或气体间进行的相当复杂的热交换过程,它与热现象有关,还与流体动力现象有关。通常,一个对流换热过程可分为三个过程:热流体对固体表面的放热,通过固体的导热,从固体表面向较冷流体的放热。对流换热方程为

$$-k\left.\frac{\partial T}{\partial y}\right|_{\mathrm{w}} = h(T_{\mathrm{f}} - T_{\mathrm{w}}) \tag{7.7}$$

式中,T_{f} 为流体的平均温度;T_{w} 为固体表面的平均温度;h 为对流换热系数,它与介质和对流换热过程相关,对流换热系数见表 7.1。

表 7.1 对流换热系数

对流换热过程		对流换热系数 $h/(\mathrm{W}\cdot\mathrm{m}^{-2}\cdot\mathrm{K}^{-1})$
自然对流	空气	1~10
	水	200~1 000
强制对流	气体	20~100
	水	100~15 000
水的相变换热	沸腾	2 500~35 000
	蒸汽凝结	5 000~25 000

物体通过电磁波来传递能量的方式是辐射,其中,因热的原因而发出辐射能的现象称为热辐射。热辐射不同于热传导,是不接触的传热方式。在高真空的空间环境里,热辐射是唯一的传热方式,太阳能就是以热辐射方式传递的。任何温度高于绝对零度的物体,都具有热辐射能力。热辐射具有一般辐射现象的共性,即以光速传播。

辐射到物体表面的能量 Q 和可见光一样,也会发生吸收、反射和透过现象,辐射能量平衡示意图如图 7.5 所示。吸收比 α 定义为物体对入射辐射能吸收的百分比,反射比 ρ 定义为物体对入射辐射能反射的百分比,透射比 τ 定义为穿过材料到达物体内部的入射辐射能的百分比,由能量平衡很容易得到 $\alpha+\rho+\tau=1$。

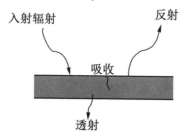

图 7.5　辐射能量平衡示意图

若投射能量是波长 λ 的(单色)辐射,那么有 $\alpha_\lambda+\rho_\lambda+\tau_\lambda=1$,其中,$\alpha_\lambda$、$\rho_\lambda$ 和 τ_λ 分别为光谱吸收比、光谱反射比和光谱透射比,是物体表面的辐射特性,与物体的性质、温度及表面状况有关。

固体和液体由于分子排列紧密,辐射能在进入物体很短距离内被完全吸收,因此可以认为固体和液体不允许热辐射穿透,即 $\tau=0,\alpha+\rho=1$;气体对辐射能几乎没有反射能力,可以认为反射比 $\rho=0$,且 $\alpha+\tau=1$。吸收比 $\alpha=1$ 的物体称为绝对黑体,简称黑体;反射比 $\rho=1$ 的镜面反射物体称为镜体,漫反射的物体称为绝对白体,简称白体;透射比 $\tau=1$ 的物体称为绝对透明体,简称透明体。尽管在自然界并不存在黑体,但用人工的方法可以制造出接近黑体的模型。选用 $\alpha<1$ 的材料制造一个带小孔的空腔,再设法使空腔壁面保持均匀的温度,这种带有小孔且温度均匀的空腔就是一个黑体模型。需要注意的是,黑体、白体及透明体都是针对全波长而言的,白色或黑色物体只是针对可见光的,如实际的白布和黑布对可见光的吸收比不同,但对红外线的吸收比基本相同,因此它们都不是热白体和热黑体。其他的例子如,雪对可见光是良好的反射体,对肉眼是白色的,但对红外线几乎能全部吸收;玻璃只透过可见光,对大于 3 μm 波长的红外线不透明。因此,雪不是热白体,玻璃也不是热透明体。

黑体辐射的三个定律,即普朗克定律、斯忒藩-玻耳兹曼定律和兰贝特定律,分别对黑体辐射的总能量及其按波长的分布、按空间方向的分布做了规定。

物体每单位面积每单位时间所辐射的总能量称为辐射度(或辐射力)E_b,光谱辐射度 $E_{b\lambda}$ 是波长为 λ 的辐射度。设黑体的辐射度为 E_{b0},物体的发射率定义为 $\varepsilon=E_b/E_{b0}$,相应的光谱发射率 $\varepsilon_\lambda=E_{b\lambda}/E_{b\lambda 0}$。发射率 ε_λ 是物体的表面特征,与表面的抛光度、表面覆盖层的厚度、物体的形状及辐射的波长有关。普朗克定律揭示了真空中黑体的光谱辐射度 $E_{b\lambda}$ 与波长 λ、温度 T 之间的函数关系:

$$E_{b\lambda} = \frac{C_1\lambda^{-5}}{\exp[\,C_2/(\lambda T)\,]-1} \tag{7.8}$$

式中

$$C_1 = 3.743\times10^8 \text{ W} \cdot \mu m^4/m^2$$

$$C_2 = 1.438\ 7\times10^4 \ \mu m \cdot K$$

式(7.8)表明,对任一波长,温度越高,光谱辐射度越强;同一温度下的光谱辐射度存在一最大值,对应最大波长。对普朗克方程关于波长求导,并令光谱辐射度的导数为零,即可得到波长计算的近似式:

$$\lambda_{max} T = C \tag{7.9}$$

式中,常数 $C = 2\ 897.6 \ \mu m \cdot K$。

式(7.9)也称为维恩位移定律。显然,随着温度 T 的增高,波长向短波方向移动。因此,利用光学仪器测得某黑体表面最大光谱辐射度的波长后,就可以计算出该黑体表面的温度。当 $T>800$ K 时,辐射能中明显具有可见光射线。

对普朗克定律中光谱辐照度在全波长范围积分,得到

$$E_b = \int_0^\infty \frac{C_1\lambda^{-5}}{\exp[\,C_2/(\lambda T)\,]-1}d\lambda = \sigma T^4$$

$$\sigma = 5.67\times10^{-8} \text{ W}/(m^2 \cdot K^4) \tag{7.10}$$

式(7.10)就是斯忒藩-玻耳兹曼定律,也称为四次方定律,σ 为斯忒藩-玻耳兹曼常数。定义单位时间内、单位可见辐射面积辐射出去的落在单位立体角内的辐射能量为定向辐射强度,与辐射面法向成 θ 角方向上的定向辐射强度 $I(\theta,\phi)$ 为

$$I(\theta) = \frac{d\Phi(\theta)}{dA\cos\theta d\Omega}, \quad d\Omega = \sin\theta d\theta d\phi \tag{7.11}$$

式中,$\Phi(\theta)$ 为辐射通量。

黑体的定向辐射强度与方向无关,也就是说,在半球空间的各个方向上的定向辐射强度相等,即

$$I(\theta) = I = \text{const} \tag{7.12}$$

定向辐射强度与方向无关的规律称为兰贝特定律。辐射强度在空间各个方向上都相等的表面称为漫辐射表面,黑体表面为漫辐射表面。

7.4　再入气动加热

起飞过程是从地球表面的静止状态,由火箭加速到约第一宇宙速度的加速过程。返回地球则是个相反的过程,即从第一宇宙速度减速为零的过程。整个再入过程大约经历以下几个阶段。

(1)离轨段。在轨道上运行的航天器受到一个逆飞行方向的作用力,使运行速度降低,并脱离运行轨道。

(2)过渡段。航天器基本平行于大气层方向运行,由于此时飞行高度大于 100 km,几乎没有大气阻力,因此航天器在地球引力作用下"自由"下降。

（3）再入段。待航天器运行高度低于 100 km 后，大气阻力越来越明显，大气的阻力可使航天器的速度进一步降低，气动加热主要就是在这个阶段发生的。

（4）着陆段。大约从 10 km 高度到地面范围，主要是利用打开降落伞和启动减速火箭减速等手段，最后使航天器重返地球表面。

航天器进入大气层后，由于强烈的激波压缩和黏性摩擦作用，航天器周围的温度迅速升高，高温足以使空气发生离解和电离，也使防热材料被烧蚀，在航天器周围形成十分复杂的高温等离子体，峰值电子密度 $n_e = 10^{13}$ cm^{-3}。航天器尾部形成峰值温度约 3 000 K 的等离子体尾流，其长度达航天器直径的数千倍。等离子体鞘套和尾流产生强烈的光辐射，对雷达散射特性产生明显影响。等离子体对频率为 f 电磁波的折射率为

$$n = (1 - f_p^2/f^2)^{1/2} \tag{7.13}$$

式中，f_p 为等离子体频率，$f_p \approx 9 n_e^{1/2}$。

当 $f < f_p$ 时，电磁波在等离子体界面全反射，通信信号中断，即形成"黑障"。

以较高的速度进入大气层的航天器，虽然可以充分利用大气的阻力来达到减速的目的，然而航天器的动能因减速会造成非常严重的气动加热。航天器以很高的速度 u 飞过高空大气，在驻点区域，气体的动能要转变为内能，气体动力学的能量方程为

$$c_p T_0 = c_p T_\infty + \frac{1}{2} u^2 \tag{7.14}$$

式中，c_p 为空气的比定压热容；T_0 为航天器表面上气流完全滞止的温度，即驻点温度，是理想气体沿定常流动线的最高温度；T_∞ 为外界静止空气的温度。

式（7.14）也可表示为

$$T_0 = T_\infty \left(1 + \frac{\gamma - 1}{2} Ma^2 \right) \tag{7.15}$$

式中，γ 为气体的比定压热容与比定容热容之比，空气取值为 1.4；Ma 为航天器飞行马赫数，即航天器的飞行速度与当地声速之比。

假设航天器进入大气层时，$Ma = 28$，当地温度 $T_\infty = 200$ K，计算得到 $T_0 = 31\,560$ K。但这时由于气体很稀薄，实际的加热量是不大的。气动加热最严重的时刻是在 $Ma = 10 \sim 24$，相应的飞行高度为 40~70 km，这时 T_0 至少在 5 250 K 以上。实际驻点温度远没有这样高，因为能量用来激发气体分子的振动和气体离解。对于空气中的 O_2、NO 和 N_2，转动特征温度为 2.07 K、2.44 K 和 2.88 K，所以在室温下，转动能已充分激发起来。而 O_2、NO 和 N_2 的振动特征温度分别为 2 256 K、2 719 K 和 3 371 K，振动能只有在较高温度下才会被激发。高温下气体的能量一部分要用来激发振动能。同时，空气在高温下发生的吸热离解反应也吸收了一部分动能转换来的热量。O_2、NO 和 N_2 的离解特征温度分别为 59 500 K、75 500 K 和 113 500 K。在驻点区温度要低得多，但仍有显著的离解产生。因为高能量的粒子碰撞的机会较多，而且复合反应是三体碰撞反应，其发生概率较小，因此离解占主导地位。较高的离解特征温度对应的离解能也较高，还使离解反应降低温度的作用变得显著。

由此可见，航天器再入过程中，其结构将被高温气流包围，如果不对航天器做适当的防护，整个飞行器将会如同陨石一样被烧成灰烬。20 世纪 60 年代初，国内外针对充气式

进入减速技术 IRDT(Inflatable Reentry and Descent Technology) 开展了大量探索研究，并取得了阶段性进展。为满足"海盗号"探测器进入火星大气后气动减速的要求，美国开展了附体式充气减速器 AID(Attached Inflatable Decelerator) 项目研究，完成了原理样机的验证，但是不满足充气式进入减速系统在高超声速条件下的防热需求，而且其采用的冲压充气方式也难以适应高速进入情况下的高温热流情况。欧洲航天局与俄罗斯联合开展了充气式进入减速技术研究，虽然多次飞行试验都未成功，但是积累了大量的数据和经验。近年来，针对进入火星减速需求，美国开展了超声速充气减速器任务(SIAD-R)研究，在进入器周边设计了一圈充气增阻装置，充气结构采用 Kevlar 29 材料，表面涂覆硅橡胶，可耐温 290 ℃。SIAD-R 通过高空飞行试验获得了成功验证。2018 年，我国也在充气式进入减速技术领域成功完成了演示验证试验。

7.5 再入热防护

再入过程大部分动能会以激波及尾流涡旋的形式耗散于大气中，其余以热形式加热航天器。防热技术是卫星、飞船安全返回地面的一个关键技术。解决防热问题的方法：一是通过外形设计减少来流的气动加热；二是设计防热结构吸收或耗散热量。

计算表明，外形越钝的航天器在再入过程中接受的加热量越少。再入过程中，航天器上总的气动加热量为

$$Q = \frac{1}{2} \Delta E_k \frac{C_f}{C_D} \tag{7.16}$$

式中，C_D 为总的阻力系数，$C_D = C_f + C_w + C_b$；C_f 为摩擦阻力系数；C_w 为波阻系数；C_b 为底部阻力系数；ΔE_k 为航天器再入过程前后的动能变化量。

气动阻力满足平方阻力公式。当采用球或球锥外形时，阻力系数 C_D 较大，在 1~2 之间。

钝头设计产生的冲击激波不容易扩散，反倒形成了一个特殊的隔热层，这导致载人飞船、航天飞机在再入全过程中，表面最高温度不会超过 2 200 K。球状外形具有几何上和空气动力学方面的优点。在相同容积下，圆球的外表面积最小，换言之，保护同样体积的有效载荷，圆球外形所需的防热面积最少。从空气动力学方面来说，圆球的阻力系数随马赫数、雷诺数以及大气成分的变化不大，而且不受飞行姿态的影响。但是，大量地面试验结果发现，圆球有一个致命的弱点，即 Ma 在 0.4~15 范围内是动不稳定的，主要原因是圆球表面边界层流动脱体的不对称性。动不稳定必然导致再入过程中圆球做不规则的角运动，它不仅迫使整个球面均采用同样厚度的烧蚀防热层，而且还影响再入期间的科学测量和无线电通信，甚至还可能严重威胁低空抛底盖和启动伞系等一系列动作的可靠性。因此，在没有解决动不稳定之前，圆球外形是不可取的外形。自 1959 年以来，苏联进行了一系列的风洞试验，摸索克服圆球动不稳定的方法。大量试验证明，将圆球切去一小块是解决这个问题最有效的方法，换句话说，球台是动稳定的。

例 7.1 俄罗斯"联盟号"返回舱质量 $m_0 = 2\,800$ kg，其中结构质量 $m = 1\,180$ kg，结构采用铝合金材料，比定压热容 $c_p = 900$ J/(kg·K)，阻力系数 $C_D = 1.5$，$C_f = 0.02$，返回速度

$v=7.8$ km/s。计算气动热导致的温升。

解　再入过程前后的动能变化量为

$$\Delta E_k = \frac{1}{2}m_0 v^2 = 8.5\times10^{10}\ \mathrm{J}$$

总的气动加热量为

$$Q = \frac{1}{2}\Delta E_k \frac{C_f}{C_D} = 5.67\times10^8\ \mathrm{J}$$

热量使返回舱结构温度升高:

$$\Delta T = \frac{Q}{mc_p} = \frac{5.67\times10^8}{1\,180\times900} = 534(\mathrm{K})$$

航天器以极高的速度穿越大气层返回飞行时,由于它对前方空气的压缩及与周围空气的摩擦,因此其大部分动能会以激波及尾流涡旋的形式耗散于大气中,剩下的一部分动能则转变成空气的热能。这种热能以边界层对流加热和激波辐射两种形式加热航天器。尽管真正以热形式加热航天器的能量一般还不到其总动能的1%,但即使这样小的一部分能量,也足以使一般没有防热措施的航天器很容易在大气中焚毁。防热结构设计的任务就是要设计出一种能经受这类加热环境而不至于在大气层中发生过热和烧毁的航天器结构。最原始的热防护方法是增加蒙皮厚度或直接在加热严重部位加铜或铜合金,利用材料本身的热容来吸热,其后出现以材料热解、熔化、蒸发等为主要散热机理的烧蚀防热方法。航天器防热设计需解决以下关键问题。

(1)正确分析航天器各舱段壳体可能遇到的热环境,合理选择各部分的防热方案。

(2)对材料的防、隔热特性,结构相容性,工艺可行性等方面进行综合比较,选择适合的防热材料。

(3)在小模型地面热试验的支持下建立合理的数学、物理模型,通过模型修正、物性参数研究、数值计算确定出最佳防热厚度及隔热厚度。

(4)合理处置表面凸起物、缝隙、台阶等局部防热问题。

7.5.1　热容吸热式防热

热容吸热式防热结构就是利用防热层材料的热容量吸收大部分气动热的一种防热方法。在航天器结构的外层包覆一层热容量较大的材料,这层材料吸收大部分进入返回舱表面的气动热,从而使传入结构内部的热量减小。设计时,只要这层材料的热容量足够大,传入结构的热量就会足够小,因此,结构及内部仪器设备和气体的温升就会低于允许值。吸热式防热层具有以下基本特点。

(1)防热层的总质量与传入的总热量成正比,所以这种方法只适用于加热时间短、热流密度不太大的情况,否则防热层太笨重。

(2)防热层表面形状和物理状态不变,因此它适用于要求再入时外形不变的航天器。这种方法的防热层还可重复使用。

(3)这种防热方式所用的材料或受熔点的限制,或受氧化破坏的限制,一般的使用温度为600~700 ℃。由于不能借助辐射散热,所以与其他防热方法相比,热容吸热式防热效率不是很高。

（4）防热层必须采用比热容和导热系数高的材料,比热容越高,所用的材料越少;导热系数越高,则参与吸热的材料越多,防热层质量越轻。

对一般实用的吸热材料而言,吸热式防热层的许用表面温度为 600～700 ℃,远低于一般炭化烧蚀材料的表面工作温度(2 500～3 100 K)。可以看出,辐射散热在吸热防热机理中几乎不起作用。烧蚀材料的使用温度较高,由于具有向外辐射热的作用,所以进入烧蚀层的净热流密度远小于进入吸热材料的热流密度。

设计允许的最大舱壁温升是决定防热层厚度的一个重要准则。显然,舱壁温升越小,则所需的防隔热层越厚,相应的防热层质量也越大;另外,由于舱壁温度低,承力结构的强度损失小,因此所需的结构质量就比较小。反之,提高舱壁温升的限度,则可以适当减薄防热层的厚度、减小防热层的质量,但由于承力结构工作温度提高,材料的强度、刚度受到一定的损失,因此结构质量将会增加,舱壁背面温升与质量的关系如图 7.6 所示。由此可见,必须从全局观点来合理地确定最大舱壁温升的设计指标。

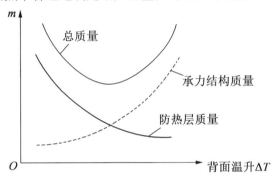

图 7.6　舱壁背面温升与质量的关系

对于吸热式防热层传热计算,简化为沿厚度方向的一维非稳态导热问题,一维非稳态导热模型图如图 7.7 所示。一维导热微分方程为

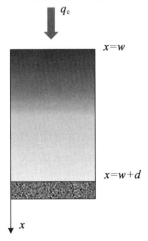

图 7.7　一维非稳态导热模型图

$$\frac{\partial T}{\partial t} = a\frac{\partial^2 T}{\partial x^2}$$

$$a = \frac{k}{c_p \rho_m} \tag{7.17}$$

式中，a、c_p 和 ρ_m 分别为热扩散系数、比定压热容和密度。

由防热层表面 $x = w$ 传入材料的净热流密度为

$$q_n = q_c\left(1 - \frac{h_w}{h_s}\right) - \sigma\varepsilon T_w^4 = -k\left(\frac{\partial T}{\partial x}\right)\bigg|_{x=w} \tag{7.18}$$

式中，h_w 为防热层表面上的气体比焓；h_s 为周围气体的滞止比焓；q_c 为假设表面是热力学温度零度时传入防热层表面的热流密度。

在防热层背壁，即防热层与本体结构交界处，$x = w+d$，绝热条件为

$$\frac{\partial T}{\partial x}\bigg|_{x=w+d} = 0 \tag{7.19}$$

用级数法得到的防热层内任一点的温升为

$$\frac{\Delta T(x,t)}{\Delta T_w} = 1 + \frac{4}{\pi}\sum_{n=0}^{\infty}\left[\frac{(-1)^n}{2n+1}\cos\frac{(2n+1)\pi(w+d-x)}{2d}\exp\frac{-(2n+1)^2\pi^2 at}{4d^2}\right]$$

$$\tag{7.20}$$

整个加热期间的导热传热量为

$$Q_k = Wc_p\Delta T_m \tag{7.21}$$

式中，W、ΔT_m 分别为面密度、防热层内平均温升。

防热层背壁温升和平均温升随时间的变化如图 7.8 所示。

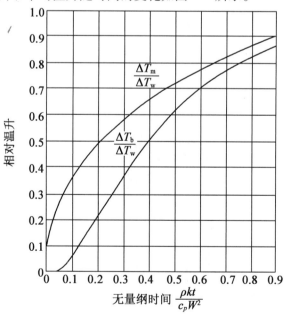

图 7.8　防热层背壁温升和平均温升随时间的变化

防热设计的主要任务之一是根据已知的设计条件:表面热流密度、防热层的材料性能和允许的背壁温升等,求出所需要的防热层质量。表 7.2 给出了几种吸热材料的性能,这些材料比热容大、熔点高和热导率大。其中,石墨的吸热性能最佳,但是,在远低于熔点的温度下,石墨便开始氧化,因此不采取抗氧化措施的石墨不能充分地发挥材料的吸热潜力。

表 7.2　几种吸热材料的性能

材料	密度 /(kg·m^{-3})	比热容 /(kJ·kg^{-1}·K^{-1})	热导率 /(W·m^{-1}·K^{-1})	熔点 /℃	热扩散系数 /(×10^{-4} m^2·s^{-1})
铝	2 643	1.089 0	249.10	660	0.867
铍	1 746	3.391 0	69.20	1 284	0.117
铜	8 939	0.385 2	351.20	1 083	1.022
石墨	2 194	1.968 0	72.66	3 704	0.168

7.5.2　辐射防热

辐射防热系统一般由直接与高温环境接触的外蒙皮、内部结构以及外蒙皮与内部结构之间的隔热层组成。只要气动加热的热流密度小于一定值,外蒙皮的温度就可以低于它所允许的温度,防热的作用将不随加热时间的增长而衰退。

辐射防热的最佳结构是蒙皮的内表面的发射率等于零,或者蒙皮下面隔热材料的导热系数等于零。虽然实际上无法完全做到这两点,但只要在结构和材料上尽量满足这些条件,就可以利用辐射现象将大部分的气动热散去,理想的辐射防热结构示意图如图 7.9 所示。

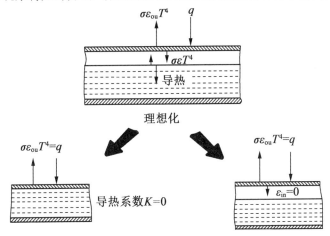

图 7.9　理想的辐射防热结构示意图

辐射防热具有以下特点。

(1)由于受外蒙皮耐温的局限,辐射防热系统只能在较小的热流密度条件下使用。计算出蒙皮可能出现的最高温度,同时可根据这个温度选定材料,从而确定使用的最高热流密度值。

（2）辐射防热系统虽受热流密度限制,但不受加热时间的限制。防热层效率定义为单位面积防热层受到的气动热的总和与防热层单位面积的质量之比。用这个指标去衡量辐射防热系统可知,加热时间越长,总加热量越大,防热层的效率就越高。

（3）辐射防热系统外形不变,可以重复使用,这对可重复使用的航天器是极适用的。

辐射防热结构如图 7.10 所示。用数字 1、2 和 3 分别表示外蒙皮、隔热层和内部结构三部分材料,d、ρ_m、c_p 和 ε 分别表示厚度、密度、比定压热容和发射率。根据能量平衡建立一维传热模型:

$$\rho_1 c_{p1} d_1 \frac{\mathrm{d}T_1}{\mathrm{d}t} = q_c\left(1 - \frac{h_w}{h_s}\right) - \sigma\varepsilon_{out}T_1^4 - \sigma\varepsilon_n(T_1^4 - T_{2,0}^4)$$

$$\frac{\partial}{\partial x}\left(k_2\frac{\partial T_2}{\partial x}\right) = \rho_{m2}c_{p2}\frac{\partial T_2}{\partial t}$$

$$\varepsilon_n = \frac{1}{\dfrac{1}{\varepsilon_{in}} + \dfrac{1}{\varepsilon_2} - 1} \tag{7.22}$$

初始条件为

$$T_1(0) = T_2(x,0) = f(x)$$

边界条件为

$$-k_2\left(\frac{\partial T_2}{\partial x}\right)\bigg|_{x=0} = \sigma\varepsilon_n(T_1^4 - T_2^4), \quad -k_2\left(\frac{\partial T_2}{\partial x}\right)\bigg|_{x=d_2} = \rho_{m3}c_{p3}d_3\frac{\partial T_{2,d_2}}{\partial t} \tag{7.23}$$

上述方程及边界条件可以用数值方法求解。选择不同的 d_2 并改用几种隔热材料,可以求出满足背壁温升条件的蒙皮温度和隔热厚度。外蒙皮、隔热层和内部结构三部分连成一个整体,在具体设计时有许多可供选择的形式,图 7.11 给出了一些典型的辐射防热结构。在热结构中,承力件要在较高的温度下工作,或者本身兼承力、承热功能。因此,承力防隔热一体化设计是辐射热防护结构的发展方向。对于蒙皮材料,500 ℃ 以下选钛合金,500~950 ℃ 选铁、钴、镍为基的高温合金,1 000~1 650 ℃ 选抗氧化涂层的难熔金属,1 650 ℃ 以上选陶瓷或碳-碳复合材料;对于隔热材料,选用低导热系数材料,如无机非金属材料、疏松多孔材料等。

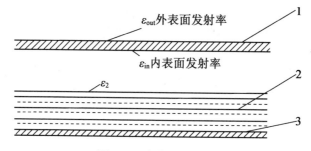

ε_{out}外表面发射率　　　　　1

ε_{in}内表面发射率

ε_2　　　　2

　　　　3

图 7.10　辐射防热结构

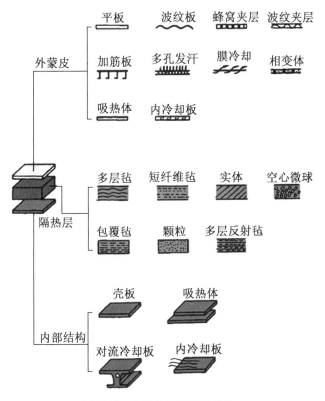

图 7.11 典型的辐射防热结构

7.5.3 烧蚀防热

烧蚀的含义就是材料在再入的热环境中发生的一系列物理、化学反应的总称。在烧蚀过程中,利用材料质量的损耗,获得了吸收气动热的效果。烧蚀防热不受热流密度的限制,适应流场变化能力强,在一次使用的再入航天器中,烧蚀防热已成为应用最广的防热形式。

设 T_{p1} 为材料受热后开始热解的温度,T_{p2} 为材料完全热解形成炭层的温度。整个烧蚀材料从开始受热到发生烧蚀的全过程大致如下:当烧蚀防热层表面加热后,烧蚀材料表面温度升高,在温升过程中依靠材料本身的热容吸收一部分热量,同时通过热传导方式向内部结构导入一部分热量。只要表面温度低于 T_{p1},上述状态便继续下去,这时,整个防热层类似热容式吸热防热结构。继续进行加热,表面温度继续升高到 T_{p1},材料开始热解,当温度大于 T_{p2},材料开始炭化,从而在整个烧蚀材料里形成 3 个不同的分区,即炭化区、热解区和原始材料区,烧蚀过程示意图如图 7.12 所示。烧蚀过程中各层内发生的物理化学现象以及由此表现出来的热效应如下。

(1)原始材料区。

温度低于 T_{p1},材料无热解,故而没有化学及物理状态变化。在材料内部只有 2 个传热效应,即材料本身的热容吸热和向材料内部的导热。

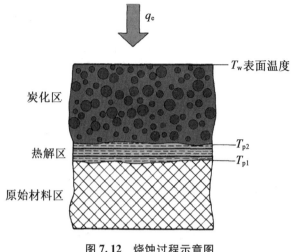

图 7.12　烧蚀过程示意图

（2）热解区。

内边界温度为 T_{p1}，外边界温度为 T_{p2}，两个边界均以一定速度向内移动。此层内的主要现象是材料的热解。热解有 2 种产物，即气体产物（如甲烷、乙烯、氢等）和固体产物（炭）。该层内进行着 3 种热现象：材料热解的吸热、热解产生的气体产物温度升高时的吸热以及固体向内部的导热。

（3）炭化区。

此层温度均大于 T_{p2}，此层不再发生材料的热解，炭层是由热解的固体产物积聚而成的。热解生成的气体通过疏松的炭层流向表面，炭层也可能由表面温度的继续升高而发生炭层的高温化学反应。发生在该层内的热现象也有 3 种：炭层及热解气体温升时的吸热、炭层向内的热传导以及炭层高温氧化或裂解反应热。

（4）炭层表面。

表面发生着复杂的热现象，既有加热，又有散热。属于加热的有：气流对流加热、炭层氧化反应；属于吸热的有：炭层表面的再辐射、热解气体注入热边界层改变表面的温度分布使气动加热减小（这种现象称为气体的引射效应）以及表面向内层的导热。

7.6　航天器热控制

航天器热控制就是通过对卫星内外的热交换过程的控制，保证各个部位及仪器设备在整个任务期间都处于正常工作的温度范围。一个典型的航天器飞行过程一般要经历 4 个阶段：地面段、上升段、轨道段和返回段。每个阶段的热环境和热状态是不同的：在地面段，航天器处于部分仪器预热（或预冷），外部环境处于地面状态；在上升段，航天器经受气动加热；在轨道段，航天器处于空间环境，仪器处于工作状态；在返回段，部分仪器工作，返回体承受严重气动加热。每个阶段航天器所承受的内、外热载荷是不同的，且是变化的，而航天器的实际温度就是由这许多因素决定的。在轨道段，航天器所处的基本环境条件，如空间外热流、真空、微重力、低温及空间粒子辐照等，都直接或间接地影响到航天器各个部位的温度。同时,星上各仪器设备的结构特点和工作状况所引起的热量的产生和传递情况,也是影响航天器各处温度的重要因素。航天器热控制就是在这些环境因素与星上热源之间寻求最有利的热平衡,以保证航天器(包括有效载荷与服务系统)在一定的温度条件下工作。

热设计与热计算是热控制的基础。太阳是航天器在太阳系内飞行时遇到的最大的外热源,太阳每时每刻都在向空间辐射巨大的能量。影响航天器热控制的空间环境因素还有宇宙高能粒子辐射、电磁辐射、微流星体和空间碎片等,微重力状况也常是必须考虑的因素。航天器在轨道上运行时的热平衡主要由下面几部分组成:太阳辐射到航天器的热量 Q_1,地球及其大气对太阳辐射的反射热量 Q_2,地球的红外辐射热量 Q_3,空间背景辐射热量 Q_4,航天器的内热源 Q_5,单位时间内这五部分热量之和等于航天器向宇宙空间辐射的热量 Q_6 加上航天器内能的变化 Q_7,即

$$Q_1 + Q_2 + Q_3 + Q_4 + Q_5 = Q_6 + Q_7 \qquad (7.24)$$

事实上,空间飞行器不可能是一个简单的等温体。航天器表面各部位不可避免地存在着明显的温差,而航天器上安装的各种仪器、部件的温度也各不相同。因此,不仅要考虑航天器与宇宙空间之间的换热,还要研究航天器自身各部位之间的热耦合关系。将航天器离散化为若干个节点,航天器节点传热示意图如图 7.13 所示,假定节点表面吸收比和发射率均与波长无关,表面辐射具有漫反射性质,表面的反射辐射也具有漫反射性质,只有辐射和传导 2 种换热方式,则节点的热平衡方程为

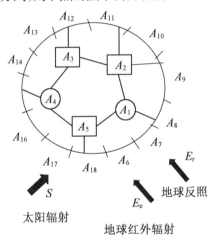

图 7.13　航天器节点传热示意图

$$(\alpha_{si}S\phi_{1i} + \alpha_{si}E_r\phi_{2i} + \varepsilon_{ei}E_e\phi_{3i})A_i + \sum_{j=1}^{N}B_{j,i}A_j\varepsilon_j\sigma T_j^4 + P_i + \sum_{j=1}^{N}k_{j,i}(T_j - T_i)$$

$$= A_i(\varepsilon_{ii} + \varepsilon_{ei})\sigma T_i^4 + (mc_p)_i\frac{\mathrm{d}T_i}{\mathrm{d}\tau} \qquad (7.25)$$

式中,S 为太阳常数;α_{si} 为节点 i 的太阳吸收比率;E_r 为地球平均反照辐射度;E_e 为地球平均红外辐射度;ε_{ei} 为节点 i 的地球表面发射率;A_i 为节点 i 面积;$B_{j,i}$ 为节点 j 辐射的能量被节点 i 所吸收的份额(包括多次反射吸收);$k_{j,i}$ 为节点 j 和 i 之间的热传导系数;σ 为

斯忒藩-玻耳兹曼常数；m 为质量；c_p 为比定压热容；τ 为时间；ε_{ii} 和 ε_{ei} 分别为节点面积 A_i 内表面和外表面的发射率；ϕ_{1i}、ϕ_{2i} 和 ϕ_{3i} 分别是节点 i 相对于太阳辐射、地球反照和地球红外辐射的辐射角系数，它们取决于航天器在轨道上的位置和姿态，以及航天器的形状，是时间的函数。

　　式(7.25)方程左边第 1 项表示节点 i 吸收的外热流，包括太阳辐射、地球反照和地球红外辐射；第 2 项表示卫星各表面发射的能量被节点 i 吸收的部分；第 3 项 P_i 为内热源；第 4 项为节点 i 与其他节点的传导热量。等式右边第 1 项表示节点 i 向航天器内、外辐射的热量；第 2 项表示节点内能的变化。航天器上每一个节点都能列出类似的方程。用有限差分法联立求解这些微分方程，可得到航天器的温度分布。

　　角系数 $B_{i,j}$ 表示 $\mathrm{d}A_i$ 面元发出的辐射能落到 $\mathrm{d}A_j$ 面元部分占 $\mathrm{d}A_i$ 面元发出的总辐射能的比例，即

$$B_{i,j} = \frac{\mathrm{d}A_i \text{ 发出的辐射能落到 } \mathrm{d}A_j \text{ 部分}}{\mathrm{d}A_i \text{ 发出的总辐射能}} = \frac{1}{A_i}\int_{A_i}\int_{A_j}\frac{\cos\phi_i\cos\phi_j}{\pi r_{ij}^2}\mathrm{d}A_j\mathrm{d}A_i \qquad (7.26)$$

　　由此得到 $A_i B_{i,j} = A_j B_{j,i}$。对由几个表面组成的封闭系统，根据能量守恒，从任何一个表面发射出的辐射能必然全部落在封闭系统的各表面上，角系数的完整性示意图如图 7.14 所示，因此有

$$B_{1,1} + B_{1,2} + B_{1,3} + \cdots + B_{1,n} = \sum_{i=1}^{n} B_{1,i} = 1 \qquad (7.27)$$

　　两个黑体表面间的热辐射如图 7.15 所示，2 个黑体表面 A_1 和 A_2 间的换热量为

$$\Phi_{1,2} = A_1 E_{b1} B_{1,2} - A_2 E_{b2} B_{2,1} = A_1 B_{1,2}(E_{b1} - E_{b2}) = A_2 B_{2,1}(E_{b1} - E_{b2}) \qquad (7.28)$$

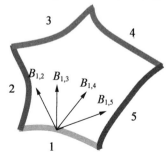

图 7.14　角系数的完整性示意图

图 7.15　两个黑体表面间的热辐射

　　单位时间内投射到单位表面积的总辐射能定义为 G，单位时间内离开单位表面积的总辐射能定义为 J。根据图 7.16，热平衡方程为

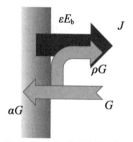

图 7.16　有效辐射示意图

$$J = \varepsilon E_b + \rho G = \varepsilon E_b + (1-\alpha)G \tag{7.29}$$

从表面外部看,$q = J-G$;从表面内部看,$q = \varepsilon E_b - \alpha G$,$J = \dfrac{\varepsilon E_b}{\alpha} - \dfrac{1-\alpha}{\alpha}q$。考虑基尔霍夫定律,即 $\alpha = \varepsilon$,物体与黑体投入处于热平衡时,

$$J = E_b - \left(\frac{1}{\varepsilon} - 1\right)q \tag{7.30}$$

考虑到表面 1、2 间的辐射换热量为 $\Phi_{1,2} = A_1 J_1 B_{1,2} - A_2 J_2 B_{2,1}$,由此得到

$$J_1 A_1 = A_1 E_{b1} - \left(\frac{1}{\varepsilon_1} - 1\right)\Phi_{1,2}, \quad J_2 A_2 = A_2 E_{b2} - \left(\frac{1}{\varepsilon_2} - 1\right)\Phi_{2,1} \tag{7.31}$$

进一步可以得到

$$\varepsilon_n = \frac{1}{1 + B_{1,2}\left(\dfrac{1}{\varepsilon_1} - 1\right) + B_{2,1}\left(\dfrac{1}{\varepsilon_2} - 1\right)} \tag{7.32}$$

当两个辐射面为无限大平行平板时,$B_{1,2} = 1$,可以得到灰体的有效发射率:

$$\varepsilon_n = \frac{1}{\dfrac{1}{\varepsilon_1} + \dfrac{1}{\varepsilon_2} - 1} \tag{7.33}$$

7.6.1 热设计与热计算

航天器热设计任务采取各种热控制措施来组织航天器内、外的热交换过程,保证航天器在整个运行期间所有仪器设备、生物和结构件的温度水平都保持在规定的范围内。典型航天器设计温度见表 7.3。

表 7.3 典型航天器设计温度

组件/系统	工作温度/℃	生存温度/℃
数字电子器件	0~50	−20~70
模拟电子器件	0~40	−20~70
电池	10~20	0~35
红外探测器	−269~−173	−269~35
固态粒子探测器	−35~0	−35~35
动量轮	0~50	−20~70
太阳电池板	−100~125	−100~125

热设计的一般原则如下。

(1)妥善处理热控系统与航天器其他分系统(如结构、能源、控制、推进、测控、有效载荷等分系统)之间的矛盾;妥善处理包括地面段、上升段、轨道段和返回段各阶段热控技术要求之间的矛盾,以求得最佳的折中方案。

(2)应使热控系统具有较高的适应性,即当飞行热环境以及内热源在某种程度上偏

离设计值时,要有一定的适应能力;同时,设计中应考虑留有改变热载荷和局部修改设计的余地。这种更换和修改,对处于未定型阶段的航天器,常常是难以避免的。

(3)尽可能地减小热控系统的质量。一个典型的热控系统的总质量不超过航天器整体质量的 3%~5%。

(4)尽可能少地消耗星上电能热设计,应优先考虑不消耗电能的热控技术,尽量利用航天器内部废热以及吸收一部分星外热量作为热控使用;只有在不得已的情况下才考虑使用电加热控温技术。

(5)热控方案设计应考虑便于分析计算和热模拟试验。随着航天任务的日益复杂化和航天器的大型化,分析计算工作更加复杂,地面模拟设备日趋庞大,试验费用迅速增加。因此,在进行设计时,就需考虑实现地面试验的可能性和经济性,以及热计算的可能性,否则可能增加研制费用、延长研制周期以及降低设计的可靠。

(6)热设计应注意热控措施在工艺上的可行性。热控方案应充分考虑航天器在工厂的总装、测试,在试验中心进行的各种例行试验以及发射前的种种准备过程中所需进行的各种操作;还应考虑到此类过程可能对热控系统的性能带来的影响;同时亦应考虑在较长的存放期内,航天器各热控表面及热控元件的保护、清洁,以保证经长期存放其热性能不变。

(7)热控设计应保证航天器热控系统具有一定的可靠性。各种热控材料、元件以及热控系统都必须具有很高的可靠性,包括对正常空间环境条件的适应时间经历后的性能稳定以及对于破坏性轨道环境(如热控表面的氧原子腐蚀、空间碎片或微流星体撞击等)的应对能力。在可能的条件下均需按环境模拟条件进行验收试验。

(8)热设计中应考虑降低航天器的投资费用。热控方案应在保证航天任务的前提下选择费用较低的方案,降低研制成本。

上述基本原则在航天器的总体设计阶段、热控分系统方案设计阶段和技术设计阶段以及修改技术设计过程中,都应加以考虑。在实际设计工作中,常常出现不能同时兼顾上述有关原则的情况。事实上,这些原则在实际工作中往往是互相矛盾的,这时就需要认真进行综合分析、权衡比较,以求得整体上的最优方案。

国内在航天器热设计与热分析计算方面已形成了一整套方法与标准,具有多种不同的软件,并在不断地完善这些软件,使热计算结果更符合轨道实际运行情况,热设计也能更好地满足航天器在轨温度要求。我国也引进了美国仿真软件如 SINDA 和 FLUENT 等,分别用来计算空间外热流与航天器温度等。

目前,热计算主要有理论解法和有限元/有限差分模型来处理热分析数学模型,计算得到稳态、瞬态、热循环热响应。还可以利用热流-电流、热阻-电阻、热导-电导、比热容-电容、温度-电势等效将热网络模型转化为等效电路模型进行求解。

热分析能量平衡方程以矩阵形式表示为

$$\{Q\} = [K]\{T\} \tag{7.34}$$

式中,$[K]$ 为传导矩阵,包含导热系数、对流系数及辐射率和形状系数,在有限元法中对应广义刚度矩阵;$\{T\}$ 为节点温度向量,对应于广义位移矩阵;$\{Q\}$ 为节点热流量向量,包含热生成率,对应广义力。

在传热分析中,有如下三类边界条件。

第 1 类,给定边界温度,即 $T|_{\Gamma_1} = T(x,y,z,t)$。

第 2 类,给定边界上热流密度值,即 $-k\dfrac{\partial T}{\partial n}\Big|_{\Gamma_2} = q(x,y,z,t)$,$n$ 表示 x 轴、y 轴、z 轴方向。

第 3 类,给定边界上物体与周围流体间对流换热系数及周围流体温度,即 $-k\dfrac{\partial T}{\partial n}\Big|_{\Gamma_3} = h (T|_{\Gamma_3} - T_\infty)$。

利用有限元技术可以方便地计算航天器温度场。充气式太阳帆板在空间环境温度场的有限元研究中,太阳帆板由 2 个充气式支承管和薄膜电池组成。假设太阳和地球的辐射热流均为垂直入射,忽略卫星体对太阳电池阵的辐射和导热,不计其他行星的热辐射;外层空间是 4 K 的绝对黑体。将太阳辐射热流和地球辐射热流施加到结构上,计算得到了太阳电池阵结构的整体稳态温度场,有限元方法进行热计算的示例如图 7.17 所示。支承管沿周向温度分布连续,最高温度位于阳面辐射区域,达到 127 ℃,最低温度位于阴面辐射区域,为 45 ℃,上下表面温差为 82 ℃。

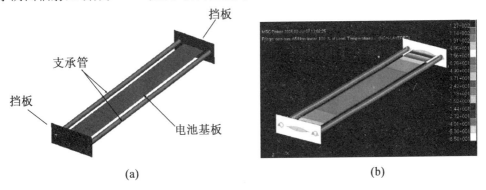

图 7.17　有限元方法进行热计算的示例

7.6.2　热控制技术

热控技术可分为被动和主动热控技术。被动热控技术不需要消耗航天器上能源,运行可靠,经济性能好,可在航天器上能源不足或不可用时发挥作用。从选择热控措施的角度看,如果简单的被动热控措施能够满足要求,就尽量不采用主动热控措施。如果被动热控无法满足要求,则适当加入主动控制,通常的做法是先使航天器处于低于所需温度的状态,然后采用电阻加热器获得合适的工作温度,或选择其他主动热控措施以满足要求。

(1)被动热控技术。

被动热控技术主要采用热控涂层、多层隔热材料、热管、相变热控材料、接触热阻和导热填料、泡沫隔热材料和无机隔热材料等进行热控制。

航天器壳体内、外表面及仪器设备表面的热辐射性质,主要由涂覆于其表面的热控涂层的吸收比 α 和发射率 ε 来体现。热控涂层种类众多,主要有:未经涂覆的金属表面、涂料型涂层、电化学涂层(阳极氧化涂层、铝光亮阳极氧化涂层和电镀涂层)、二次表面镜涂层、其他涂层(温控带、低温固化低放气涂层、织物涂层、自控涂层等)。涂料型涂层是以敷涂的方式覆盖到航天器的蒙皮、构件及仪器设备的表面上的材料。这类涂层的热辐射性质能在很宽的范围内变化,而且施涂工艺简单、性能重复性好、价格较低廉,是迄今航天器上应用最为广泛的一类热控涂层。按不同的黏结剂,涂料可分为有机漆和无机漆。根据所采用的颜料,可以得到黑漆、白漆、灰漆和金属漆等各种热辐射性质不同的品种。有机白漆具有较低的太阳吸收比(0.15~0.27)和较高的发射率(0.86~0.95),有机黑漆具有较高的太阳吸收比(0.89~0.955)和发射率(0.88~0.96)。二次表面镜是一种复合表面,由对可见光透明的表层薄膜和对可见光反射的真空镀膜金属底层组成。这种涂层的特点是吸收比 α_s 很低,吸收-辐射比(α_s/ε)也很低(可小于0.1),比较有代表性的二次表面镜涂层有光学太阳反射镜 OSR(Optical Solar Reflector)、塑料薄膜和涂料型二次表面镜涂层。OSR 是一种优质的被动温控涂层元件,广泛应用于大、中型航天器的温度控制。它由对太阳光谱透明且有高发射率的第一表面和对太阳光谱有高反射比的第二表面组成,第一表面是发射率大于0.8、厚度为很薄如0.2 mm的石英玻璃,石英玻璃的背面为真空镀铝或银的第二表面,背后的保护层为高温镍基合金膜。OSR 的太阳吸收比约为0.05,α_s/ε 能达到0.06。石英玻璃的紫外线稳定性非常好,但石英玻璃片不能弯曲,所以应用时只能做成许多小片贴在航天器的外蒙皮上。

在航天器热设计中,常需对仪器设备、部件或蒙皮采取保温措施,尽可能减少热量散失以控制其工作温度,有时还需要防止高温热源或波动的热环境对仪器设备或部件产生影响,尽可能地减少热量流入这些特定的仪器或区域。在这些情况下就需要采取隔热措施。真空环境下隔热性能最好的是多层隔热材料,其实物图如图7.18所示。多层隔热材料的当量导热系数能低至 1×10^{-5} W/(m·K)量级,隔热性能比其他抽真空或不抽真空的隔热材料都要低几个量级,故称为超级隔热材料。原理上,在两个很大的平面之间放置若干同样大的平面,若所有这些表面都具有相同的表面发射率而且表面间为真空并彼此不接触,则两端表面之间的传热量为

$$Q=\alpha A(T_1^4-T_2^4)/[(n+1)(2\varepsilon-1)] \tag{7.35}$$

式中,A 为面积;T_1 和 T_2 分别为多层冷热表面温度;n 为层数;ε 为表面的发射率。

图7.18 多层隔热材料实物图

　　由式(7.35)可知,随着层数的增加和表面发射率的减小,传热量将迅速下降,即隔热效果迅速增强。但实际情况并不完全如此,因为多层系统中有间隔层,接触导热不可避免,而且多层表面不可能总是连续的,总有各种断口截面,还有残留在层间的气体,多层材料在航天器上固定方式(尼龙搭扣、压片销钉、尼龙网)及接口形式和数量等,这些因素都会影响多层结构的隔热效果。多层隔热结构中每个独立的隔热层由一层具有防辐射热功能的有机薄膜和用于隔离传导热的间隔层组成,使用的材料主要有聚酰亚胺(Kapton)、聚酯(Mylar)、聚乙烯氟化物(PVF)、聚四氟乙烯(PTFE)及 PTFE 的玻璃纤维、高熔点芳香族聚酰胺等。

　　一般而言,多层隔热材料只有在层间气体压力低于 10^{-4} mmHg 时才具有良好的隔热性能。为了达到这个目的,以及防止在发射升空时热控组件的损坏,需要考虑多层隔热材料的放气问题。一种方法是在多层组件的边缘留下一个或多个不封闭的开口,另一种方法是在多层材料上打上出气孔。在航天器面向太阳的一面,多层隔热材料常采用金黄色的反射表面,如采用聚酰亚胺的外表面和镀银涂层的内表面都呈现出金黄色。将镀银表面接地,以减少静电积累,这种结构有点类似于二次表面镜,具有较低的太阳吸收比和较高的红外发射率。因此,这种结构更加适合排散航天器内的红外热辐射,并抑制太阳热辐射。在航天器面向地球的一面,多层隔热材料常采用黑色表面。含有碳的聚酯薄膜外表面呈现出黑色,由于碳可以导电,因此接地后可以减少静电积累。这种结构具有较高的太阳吸收比和较低的红外发射率,可以减少航天器热量的损失。最简单的隔热层由黑色或棕色 Kapton 覆在铝箔或银箔表面构成的面向空间层、Mylar 网双面镀铝构成的间隔层和 Kapton 双面镀铝构成的面向航天器层组成,隔热层由胶带粘接到航天器上。

　　热管由管壳、吸液芯和端盖组成,利用管内材料相变和循环流动工作。空间微重力环境更适合热管在航天器上的应用。热管工作原理示意图如图 7.19 所示:来自热源的热量通过热管管壁和充满工作液体的吸液芯传递到(液-气)分界面;液体在蒸发段内的(液-气)分界面上蒸发;蒸汽腔内的蒸汽从蒸发段流到冷凝段;蒸汽在冷凝段内的气-液分界面上凝结;热量从(气-液)分界面通过吸液芯、液体和管壁传给冷源;在吸液芯内,由于毛细作用,因此冷凝后的工作液体回流到起始的蒸发段。由于管内的蒸发和凝结热阻很小,当工质的流动压降很小时,热管就可以在很小温差下传递很大的热流,因此热管也称为热超导元件。目前航天器上使用的热管主要是铝氨轴向槽道热管,自 1976 年以来,我国几乎所有的卫星上都装有热管,如"风云二号"气象卫星仪器安装板是以热管来实现等温化设计的;"嫦娥一号"卫星使用了 32 根热管,包括 9 根外贴热管和 23 根预埋热管。

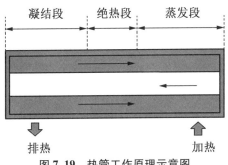

图 7.19　热管工作原理示意图

　　相变材料在相变过程中将吸收或释放出相变潜热,而其温度基本上保持不变。在航天器热控制应用中,当内热源或外部热环境发生较大的周期性变化时,可利用上述特性来保持仪器设备的温度水平。常见的相变材料有石蜡、聚乙烯乙二醇、乙酸、硬脂酸甘油酯、磷酸氢钠十二水合物、铋基低熔点合金、镓、季戊四醇、水、氯化铝等。在航天器热控应用领域中研究较多并已得到实际应用的是液-固型(或称熔化-凝固型)相变材料,如在"阿波罗 15 号"月球车上应用了 3 个相变材料构成的热控系统。

　　接触热阻是存在于 2 个固体接触界面上的热阻,如仪器和支架构件之间、构件与蒙皮之间等。为解决接触热阻带来的导热不确定性和对传热路径的附加阻塞,一般在接触面上加入导热填料,使接触热阻减至最小或控制在一定范围内。当前所用的导热填料较多的是导热硅脂,其他材料有导热硅橡胶和柔软金属箔(铟箔、铝箔等)。

　　泡沫隔热材料和无机隔热材料多是具有许多微孔的非金属材料,具有密度低、质地柔软、隔热性能好、成本低、易于制成各种形状和尺寸的特点,被广泛应用于航天器的热控技术中。

　　(2)主动热控技术。

　　主动热控是指当航天器内、外热流状况发生变化时,自动调节系统使航天器内的仪器设备的温度保持在指定范围内的热控技术。与被动热控技术相比,主动热控技术的主要优点是具有可调节的热交换特性,主动热控技术将使热控系统具有较大的适应航天器内、外热状况变化的能力。主动热控方法分为辐射式、传导式和对流式三种。

　　辐射式主动热控方法主要是以控制辐射热阻的方法来对仪器或舱段进行温度控制,当被控热源如仪器设备等发热量变化时,主动热控系统自动改变发射率,从而改变辐射热阻,以此将辐射温度的变化控制在允许的范围内。实际应用时,是通过机构运动来调控发射率的变化,如热百叶窗和旋转盘等。我国在 20 世纪 70 年代初期就将热控百叶窗用于"实践一号"卫星上,运行 8 年以上,性能良好。

　　传导式主动热控技术是通过控制热传导途径上的热阻来实现控温的。当热源(仪器、设备)发热量增大时,传导通路的热阻减小,更多的热量通过卫星的蒙皮或专门的热辐射器排散出去;当热源发热量减小时,传导通路上的热阻增大,减少传出的热量,避免仪器过冷。这种控制排热通路的热阻的典型设备有接触式热开关和可控热管。

　　对流式热控制是利用流体对流换热的方法对卫星内部整体或局部实施热控,该方法需要使用强制对流的手段实现热交换,突出的优点是换热能力很强,管理航天器内部的换热比较容易,对于需要排散大量废热和精确控制生物舱温度水平的航天器,一般都需采用对流换热系统。迄今所有的载人航天器均采用液体循环主动热控系统,如"双子星座"载人飞船、航天飞机、国际空间站及我国的神舟飞船。

　　主动热控方法与被动热控方法相比,可靠性问题、占用质量问题更需关注。随着航天技术的发展,对主动热控技术的需求将会迅速增加。同时,主动热控技术也有很大的改进空间,结构趋于简单,质量轻,使用方便,可靠性高。主动热控技术的应用,不仅可以提高航天器的热控水平,还将有助于航天器的等温化、通用化,减少地面热试验,加快航天器的研制周期和节约研制费用。

思　考　题

1. 一块厚度 $\delta = 50$ mm 的平板，两侧表面分别维持在 $T_{w1} = 300$ ℃ 和 $T_{w2} = 100$ ℃，求下列条件下的热流密度。（1）材料为铜，导热系数 $k = 375$ W/(m·K)；（2）材料为钢，$k = 36.4$ W/(m·K)；（3）材料为铬砖，$k = 2.32$ W/(m·K)；（4）材料为硅藻土砖，$k = 0.242$ W/(m·K)。

2. 在 25 ℃ 时，一颗在轨战术通信卫星处于热平衡状态。假定通信卫星是球形的，其半径为 2 m，平均散射率为 0.8，与在 250 km 高空的另一颗侦察卫星的距离是 5 000 km。

（1）求对侦察卫星最有利的波长。

（2）假设通信卫星在位于（1）中已经确定的波长中部且 10 nm 波段范围内，求其发射出的光子数目。

第8章 空间环境地面模拟

航天器能否成功发射、准确入轨、在轨正常工作以及安全返回,取决于航天器的可靠性。在对空间环境效应充分研究的基础上,对航天器研制全过程进行充分而又适度的地面模拟试验,是检验航天器可靠性的最有效途径之一。本章重点介绍空间环境模拟设备、空间热环境模拟和太阳紫外线辐照模拟等内容。

8.1 空间环境模拟设备

空间环境适应性是航天器系统设计中一个至关重要的环节。尽管空间环境对航天器的作用是各环境因素综合作用的结果,但在进行空间环境效应分析和测试时,简便的方式还是针对每个环境因素单独处理。然而,随着各种航天任务及其系统变得越来越复杂,空间飞行试验和地面模拟研究发现空间环境因素综合作用比单独因素作用的简单叠加要更严重,因此空间环境综合模拟试验显得愈发重要;同时,载人飞船、航天飞机、空间站的问世,要求空间环境模拟试验设备向大型多功能方向发展,各航天大国都建有大型空间环境综合模拟设备及系统。

空间环境模拟要完全复现真实的空间环境是很困难的,也是不必要的。如模拟真空、冷黑环境,从换热的观点,真空度达到 10^{-3} Pa,气体对流和热传导引起的换热量与辐射换热量相比已经可以忽略。因此,空间环境模拟试验设备的真空度为 $10^{-4} \sim 10^{-3}$ Pa,个别情况才考虑 $10^{-7} \sim 10^{-6}$ Pa。而在 500 km 的大气层,真空度达 10^{-6} Pa;在 1 000 km 高度,真空度已达 10^{-8} Pa。热分析表明,由液氮温度 77 K 来替代空间 3 K 的冷黑环境,用作空间模拟器的冷壁(热沉),其误差在 1% 以内。因此,空间环境模拟器一般都用液氮作冷源,在热沉表面上涂以高吸收比(>0.95)的黑漆模拟冷黑空间。

空间环境模拟设备又称空间模拟器,是模拟卫星及其组件在轨道运行中经历的太阳辐射、高真空、低温等主要空间环境的试验设备,由空间环境模拟室、真空抽气系统、太阳模拟器或红外模拟器、液氮系统、气氮系统及控制与测量系统等组成。空间环境模拟室是空间模拟器的主体部分。由真空容器、试件支持机构、热沉、内装式深冷泵、太阳模拟器光学系统、红外加热器、卫星运动模拟器及控制与测量系统等组成。通常,空间环境模拟室直径小于 2 m 的称为热真空试验设备,主要用于航天器组件的热真空与热平衡试验。空间环境模拟室直径大于 2 m 的空间环境模拟试验设备,主要用于航天器系统的热真空与热平衡试验。我国已建有多台大小不同的空间模拟器,世界上已有数千台这类设备。模拟室尺寸和被试航天器尺寸与试验精度存在如下关系:

$$\left(\frac{D_M}{D_V}\right)^2 = \frac{1}{\delta_1}\left(\frac{1}{\varepsilon_1}-1\right) \tag{8.1}$$

式中,D_M 和 D_V 分别为模拟室和航天器的特征尺寸;δ_1 为试验误差;ε_1 为热沉发射率。

　　我国卫星和空间模拟器的特征尺寸之比视模拟方法的不同而取值不同,采用太阳模拟方法时,一般不大于 1:3;采用红外模拟方法时,一般不大于 1:1.5。

　　直径大于 6 m 的模拟设备称为大型模拟,主要用于整星试验;直径大于 2 m 的模拟设备称为中型模拟设备,主要用于系统试验;直径小于 2 m 的模拟设备称为小型模拟设备,主要用于组件的试验。大、中型空间环境模拟设备一般需要具备的技术要求有以下几个方面。

　　(1)真空容器形式根据使用要求应设计成立式、卧式和球形。容器壳体用不锈钢制造。容器内设有活动地板、安装平台。卧式容器应设有试件出入用的导轨,立式容器在不同高度上应有悬挂航天器的吊点。

　　(2)热沉用铝、铜或不锈钢制造,并要求有良好的真空、低温性能。热沉是指它的温度不随传递到它的热能的变化而变化,可以是大气、大地等物体。大型热沉用不锈钢或不锈钢管与铜翅片制造为佳,内表面喷涂黑漆,温度低于 100 K,根据要求可在 −100 ~ 100 ℃ 内可调,无热沉面积不大于 3%。

　　(3)真空系统一般采用无油系统,有载真空度优于 1×10^{-3} Pa,并配有真空测量系统、检漏系统、残余气体分析仪和污染监测分析系统等。

　　(4)液氮系统采用开式沸腾或闭式循环系统,要求有足够大的热负荷。

　　(5)调温系统要求在 −100 ~ 100 ℃ 内可调,升降温速率应大于 0.5 ℃/s。

　　(6)氦系统要有足够的制冷量,作为大型内装式真空深冷泵冷源,其出口温度应低于 16 K。

　　(7)太阳模拟器采用离轴准直系统,辐照度应在 $0.6S_0$ ~ $1.3S_0$ 可调,其中 S_0 为太阳常数。不均匀性不大于 6%,准直角不大于 2°。

　　(8)用于航天器运行的姿态模拟器,自转轴转速为 1 ~ 12 r/min 可调,姿态轴可 ±90° 旋转,位置速度为 60(°)/min。

　　(9)试验管理系统应配有通信、电视摄像系统、电源系统、计算机实时数据采集与处理系统等。

　　20 世纪 60 年代开始,美国先后研制了数十台大型热真空环境模拟设备。NASA 为了完成载人飞船试验和航天员载人试验,建造了 2 个大型载人飞行试验用空间模拟器,简称 A 容器与 B 容器。A 容器是美国最大的做热真空试验的空间模拟器,直径 19.8 m、高 36.6 m,最大试件质量 68 100 kg,转动平台直径 13.7 m,NASA 的 A 容器如图 8.1 所示,空载极限真空度 1.3×10^{-6} Pa,热沉温度 90 K,吸收比 0.95,最大热负荷 330 kW,曾提供阿波罗飞船与航天飞机做热真空与热平衡试验。B 容器用于载人及有关运动机构试验,容器直径 10.6 m、高 13.1 m,有效空间直径 7.6 m、高 9.1 m,空载极限真空度 1.3×10^{-2} Pa,热沉温度为 80 ~ 400 K 可调,转动平台直径 6.1 m。

　　欧洲空间技术研究中心大型热真空环境试验设备是欧洲最大的空间模拟器,真空容器直径 10 m、高 15 m,热沉直径 9.5 m、高 10 m,副容器小头直径 8 m,大头直径 11.5 m,长 14.5 m。苏联大型空间模拟器中模拟室直径 17.5 m、高 40 m,壁厚 50 mm,采用软法兰结构,总容积 8 300 m^3,顶盖大门直径 14.8 m,呈蝶形,封头凸面朝向容器内部,结构材料为不锈钢,热沉温度 100 K,热沉用铝材制造,内表面涂黑漆,对太阳光的吸收比 α_s = 0.95 ± 0.02,半球向发射率 ε_H = 0.9 ± 0.03。模拟设备有效试验空间直径 6 m、高 24 m,容积 3 000 m³,内设工作转台,承重 100 t,旋转速度为 3 000(°)/min,最小速度为 0.50(°)/min。试验大厅内配有桥式吊车,起吊高度为 50 m。

图 8.1　NASA 的 A 容器

我国从 1961 年开始进行空间环境模拟设备的设计与研制工作。第一批建成的空间环境模拟设备 KM1、KM2、BZ1 和 BZ2 等设备,为我国第一颗卫星一次发射成功提供了可靠保障。我国早期空间环境模拟设备的研制比日本、印度早,而且设备先进、规模较大,与欧洲航天局同期水平相当。KM6 设备是我国同期最大的空间环境试验设备,它具有试验空间大、热载荷大、抽气速率大、试验自动化程度高、多功能、多用途的特点,由主模拟室、辅助模拟室、副模拟室 3 舱组合而成,KM6 空间环境试验设备如图 8.2 所示。KM6 设备由 9 个分系统组成,在 3 200 m³ 内极限真空度达到 4.5×10^{-6} Pa,热沉温度低于 100 K。试验有效空间为:主模拟室 ϕ10.5 m、高 16.9 m,辅助模拟室 ϕ6.8 m、长 9 m,副模拟室(载人试验舱)为 ϕ4.2 m、长 9 m。最大试件尺寸为 ϕ5 m、高 14 m 及 ϕ4.2 m、长 18 m,最大试验件质量为 60 t。KM6 设备主要用于载人航天器热平衡试验、热真空试验;航天员出舱操作训练试验与评价试验;航天员生保系统与环境控制系统试验;太阳电池阵、天线可展开机构的展开试验。该设备已为神舟系列飞船及其他大型应用卫星完成多次空间环境模拟试验,有力支撑了我国载人航天事业的发展。

国家重大基础设施项目——"空间环境地面模拟装置"大科学工程平台由哈尔滨工业大学建造管理,于 2023 年 1 月开放试验。该装置由空间综合环境模拟与研究子系统,空间等离子体环境模拟与研究子系统,空间磁环境模拟与研究子系统,数值仿真与中央监控子系统组成,空间环境地面模拟装置如图 8.3 所示,可实现目前国际上最多的空间环境因素综合模拟,环境因素包括真空、高低温、质子、重离子、电子、太阳电磁辐射、空间粉尘等,为开展材料、器件及系统空间多环境因素耦合效应研究,解决影响航天器高可靠长寿命运行的相关科学问题提供重要支撑。模拟装置相关指标包括:质子最高能量为 300 MeV;电子最高能量为 10 MeV;重离子 He 离子最高能为 80 MeV/u,Bi 离子最高能量为 7 MeV/u;质子微束最高能量为 10 MeV,空气靶点束斑≤5 μm,真空靶点束斑≤5 μm;温度环境范围为 10~500 K;高速粉尘稳定速度可达 50 km/s。同时,装置配置了先进的原位/半原位分析研究手段,材料表面形貌分析的空间分辨率可达 0.1 nm,表面电子结构分析的系统能量分辨率可达 10 MeV。空间环境地面模拟装置适于开展空间极端环境模拟及失效机理研究。

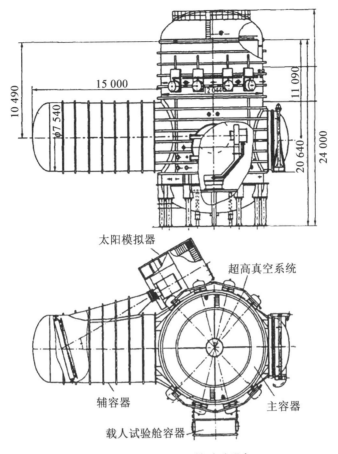

图 8.2　KM6 空间环境试验设备

图 8.3　空间环境地面模拟装置

8.2 空间热环境模拟

在地面上模拟空间冷黑环境是用铜、铝或不锈钢材料组成的管板结构,内表面涂上黑漆,对太阳光的吸收比 $\alpha_s \geqslant 0.95$,半球向发射率 $\varepsilon_H \geqslant 0.90$,表面温度低于 100 K,工程上也称为热沉。空间热环境模拟中,热沉设计至关重要,它直接影响热环境的精度。热沉壁板必须有高的吸收比。在热沉的内表面上除了喷涂高黑度的黑漆外,还应有一定的皱纹度,以减少太阳辐射和使试验物上发出的气体分子和辐射热不再返回到试验物上来,因此,热沉壁板的设计应满足如下要求:热沉的吸收系数大于 0.90;热沉内表面温度在 100 K 以下,局部温度不超过 110 K,无热沉面积(即开孔面积)不超过 3%;热沉结构具有一定的强度和刚度,加工制造使用方便。

热沉壁板可采用多种形式,以凹槽形为最佳,吸收系数可达 0.998,可吸收航天器发出和反射的绝大部分辐射热。合理地选用热沉材料,对降低制造成本、减轻质量,提升设备的性能,有着很重要的关系。要求热沉材料在超高真空条件下放气量少,低温下具有一定的强度和可塑性,而且焊接性能好。在液氮温度下,有些金属的抗拉强度和屈服强度会增加,而延伸率降低;大多数金属冲击韧性显著减弱。当韧性减少时,就会变脆,失去抵抗外力所产生的局部应力的能力。不锈钢、紫铜、黄铜、铝青铜及纯铝等材料的晶格是面心立方体,在低温下具有足够的韧性,其低温机械性能有的比常温还高,在真空条件下放气量少。低碳钢的晶格是体心立方体,具有低温脆性,且碳钢的锈蚀表面在真空下出气量大。黄铜含有锌,在真空下易挥发。因此,一般选用纯铝、不锈钢、紫铜作为热沉的材料。用铝材制造热沉,成本低、质量轻、密度小。铜的密度是铝的 3 倍,相应的骨架及支承结构均需加强,使热沉质量加大,热容量增加,预冷时间加长,因此液氮消耗量增多。从经济效益与时间效益来衡量,铝比铜占有明显的优势。从焊接性能比较,铝采用氩弧焊,是金属本身的熔化焊接,而铜采用的是钎焊,因此,铝焊缝比铜焊缝抵抗冷热冲击的性能好、质量高。铜是我国比较缺乏的昂贵金属,也是重要的战略物资,且易生铜锈,铜的主要优点是导热性好,抗腐蚀性能较铝强。总体来说,铝可以制造各种形状的型材,在超高真空条件下放气量少,因此,国内外在过去的十几年内大部分选用铝材料作为大型热沉的材料。不锈钢较铜、铝的价格都高,加工也困难,它的最大优点是耐腐蚀性强。近年来,国内外在制作发动机高空点火试车模拟设备的热沉时,由于排放出大量的有毒、有腐蚀性的物质,对铜和铝都有很大的腐蚀作用,因此必须选用不锈钢作热沉材料。近几年据国外使用单位报道,部分铝热沉因长期冷热交变,有裂纹产生,因此部分空间模拟器改用不锈钢材料制造热沉。

进行空间环境地面模拟热环境试验,需要了解模拟误差的来源及误差大小。太空的冷黑环境对太阳光的吸收比等于 1,相当于绝对黑体,在地面上模拟的热沉环境吸收比等于或大于 0.95。由于热沉环境吸收比不等于 1,因此在航天器上造成的温度误差为

$$\Delta T = \frac{\alpha_1}{\varepsilon_1}(1-\alpha_s)\frac{q}{4T_1^3\sigma} \tag{8.2}$$

式中,α_1 和 α_s 分别为航天器表面和热沉环境吸收比;ε_1 为航天器表面发射率;q 为热负

荷;T_1 为航天器表面温度;σ 为斯忒藩-玻耳兹曼常数。

图 8.4 给出了热沉吸收比对航天器温度的影响。当 $q = 500$ W/m^2,$T_1 = 300$ K,$\alpha_s = 0.95$,$\alpha_1/\varepsilon_1 = 1$ 时,误差约为 4 K。

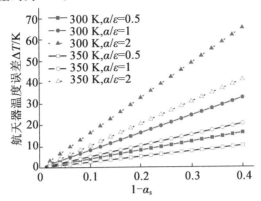

图 8.4　热沉吸收比对航天器温度的影响

空间环境无限大,没有二次反射,地面上模拟的热沉环境是有限尺寸,温度、发射率与实际的空间环境不同,且地面模拟还会产生二次反射,对航天器表面温度有影响。假设地面模拟环境和空间环境下航天器吸收的外热流相等,内热源也相等,通过传热学理论的计算有

$$\Delta T = T_1 - T_{10} = T_1 \left\{ 1 - \left[\frac{\varepsilon_2}{\varepsilon_2 + A_{1,2} \varepsilon_1 (1 - \varepsilon_2)} \right]^{1/4} \left[1 - \left(\frac{T_2}{T_1} \right)^4 \right]^{1/4} \right\} \tag{8.3}$$

式中,T_1 为试验时航天器表面温度;T_{10} 为航天器在空间飞行时表面温度;ε_1 和 ε_2 分别为航天器表面和热沉表面发射率;$A_{1,2}$ 为航天器表面积与热沉表面积比值;T_2 为热沉内表面温度。

当 $\varepsilon_2 = 0.90$,$T_2 = 100$ K,$\varepsilon_1 = 0.70$,$T_1 = 300$ K,$A_{1,2} = 1/3$ 时,由式(8.3)计算得到,$\Delta T = 2.83$ K,$\Delta T / T_1 < 1\%$。若其他参数相同,令 $T_1 = 150$ K,则 $\Delta T = 8.93$ K,$\Delta T / T_1 = 6\%$。

以上分析表明,用液氮热沉来模拟宇宙空间的冷黑背景,对于常温附近的航天器的热平衡试验,模拟误差可控制在 1% 左右,而对于航天器上的低温部件或者航天器低温工况时,将会带来较大的模拟误差。

太空是一个无限大的热沉,而地面模拟设备的热沉却是有限的。地面模拟热沉的温度因技术与经济上的原因取为 100 K,而太空温度为 3 K。航天器在太空冷黑环境下接收辐射与在地面上模拟热沉温度接收的热辐射的试验误差为

$$\frac{\Delta Q}{Q_T} = \frac{Q_T' - Q_T}{Q_T} + \frac{Q_S' - Q_S}{Q_T} = \left[F_T \left(\frac{T_2}{T_1} \right)^4 + (1 - F_T) \right] + \frac{1 - \alpha_{ms}}{\alpha_{ms}} (1 - F_S) \tag{8.4}$$

式中,Q_S' 为外部热源在航天器反射后与热沉热交换热量;Q_S 为太空中航天器接收太阳辐照的反射热;Q_T' 为航天器与热沉的辐射交换热量;Q_T 为航天器向太空辐射出的热量;F_T 为航天器与热沉辐射换热角系数;F_S 为航天器反射热与热沉的角系数;α_{ms} 为外部热源对航天器辐射的吸收比。

对于热沉温度 100 K,吸收系数 0.95,航天器表面温度 300 K,热沉直径 8 m,航天器

直径 4 m,表面涂层为白色,其试验温度误差为 1%。

由压力剩余气体引起的航天器温度误差的传热模型为

$$\frac{Q_C}{Q_R}=\frac{r-1}{2(r+1)}\left(\frac{R}{2\pi M_A T_2}\right)^{1/2}\cdot\frac{P_c(T_1-T_2)}{\sigma\varepsilon_m F_T(T_1^4-T_2^4)} \tag{8.5}$$

式中,Q_C 为分子的热传导;r 为气体分子的比热比;Q_R 为辐射热传导;R 为气体常数;M_A 为气体分子量;P_c 为模拟室的容器真空度;σ 为斯忒藩－玻耳兹曼常数;ε_m 为航天器的表面发射率。

对于热沉温度 100 K,航天器温度 300 K,剩余气体假设是氢气,压强为 10^{-4} Pa 的情况,分子传热为辐射热的 1% 以下。

热沉壁板与航天器表面之间的辐射换热为

$$Q=\frac{A_1\sigma(T_1^4-T_2^4)}{\dfrac{1}{\varepsilon_1}+\dfrac{A_1}{A_2}\left(\dfrac{1}{\varepsilon_2}-1\right)} \tag{8.6}$$

式中,A 表示表面积;下标 1 和 2 分别表示航天器表面和热沉表面。

航天器在空间向宇宙的辐射热为

$$Q_0=\varepsilon_1\sigma A_1 T_1^4 \tag{8.7}$$

航天器在环境模拟室内与热沉的辐射热交换和在太空与宇宙间的辐射换热的相对误差为

$$\delta=\frac{Q_0-Q}{Q_0}=\frac{\varepsilon_1\dfrac{A_1}{A_2}\left(\dfrac{1}{\varepsilon_2}-1\right)}{1+\varepsilon_1\dfrac{A_1}{A_2}\left(\dfrac{1}{\varepsilon_2}-1\right)}+\frac{\left(\dfrac{T_2}{T_1}\right)^4}{1+\varepsilon_1\dfrac{A_1}{A_2}\left(\dfrac{1}{\varepsilon_2}-1\right)}=\delta_1+\delta_2 \tag{8.8}$$

式(8.8)将误差分为两部分:一部分是发射率偏差引起的误差,当发射率 $\varepsilon_2\neq1$ 时,就会有误差 δ_1;另一部分是温度差引起的误差,热沉温度不等于零就会有误差 δ_2。航天器的温度为 300 K,热沉内表面温度 100 K,误差 $\delta_2<1.2\%$。相对误差 δ_1 和 δ_2 的变化规律如图 8.5 和图 8.6 所示。可以看到,降低航天器表面发射率有助于降低相对误差 δ_1,航天器表面温度高于本底温度 300 K,有助于降低相对误差 δ_2。

在进行航天器热设计和热计算时,材料的表面发射率和反射比是 2 个重要的热性能参数,准确测定热参数对航天器的热设计具有重要的意义。表面发射率的测量方法很多,根据测试原理可分为热方法(卡计法)和光学方法两大类。前者是通过测量物体温度或温度变化率来进行的,后者是通过测量表面反射或发出的辐射来获得发射率的,所以在光学方法中又分为反射计法和辐射计法。与其他物性测试方法类似,在发射率测试中也有绝对法和相对法,在卡计法中也有稳态法和非稳态法。表面发射率的测试方法主要有:热方法(卡计法),是通过测量物体温度或温度变化率来进行的;光学方法,是通过测量表面反射或发出的辐射来获得发射率的,又分为反射计法和辐射计法。

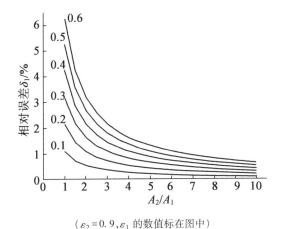

（$\varepsilon_2 = 0.9$，ε_1 的数值标在图中）

图 8.5　相对误差 δ_1 随航天器表面积与热沉表面积比的变化

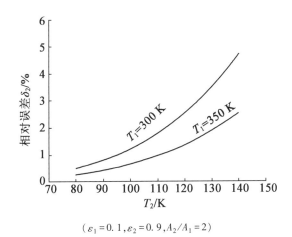

（$\varepsilon_1 = 0.1$，$\varepsilon_2 = 0.9$，$A_2/A_1 = 2$）

图 8.6　相对误差 δ_2 随热沉温度 T_2 变化

卡计法的基本原理是将待测试件放入一个四周等温且内壁涂黑的真空腔内,补偿式卡计法测试原理示意图如图 8.7 所示。试件通电加热后,或是在达到稳态后,测定试件的表面温度及输入的电功率,或是测出试件在停止电加热后的降温曲线,再根据能量守恒定律写出热平衡方程,进而算出半球发射率。卡计法属于绝对法,测出的是全发射率,其优点是测量准确度高,可以直接提供工程用的数据,是所有半球发射率的测量方法中准确度最高的方法,而且温度范围广,可以从液氮温度一直到数千度。补偿式卡计法得到的半球发射率为

$$\varepsilon_{\mathrm{H}} = \frac{U}{\sigma A (T^4 - T_{\mathrm{w}}^4)} \tag{8.9}$$

式中,U 为电加热功率;T_{w} 为壁面温度;T 为样品温度;A 为样品辐射面积。

固体表面太阳吸收比 α_{s} 是投射在表面上的太阳能被其吸收的百分数,主要有两类测试方法,即热方法(卡计法)和反射率测定法。前者是同时测量投射于表面的太阳辐射能与被表面所吸收的能量,进而得到 α_{s},后者是先测出表面对太阳辐射的反射比 ρ_{s},对于不

透明材料,得到反射比 $\alpha_s = 1 - \rho_s$。

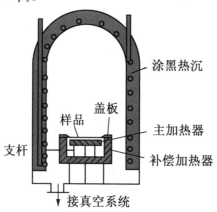

图8.7 补偿式卡计法测试原理示意图

稳态热补偿法测试原理示意图如图8.8所示。样品背面贴薄膜加热器并置于补偿加热器内。样品与悬吊杆相连,放置在涂黑热沉的真空室内。旋转悬吊杆调控光照角度来模拟阳光以 θ 角投射到被测样品的表面。太阳模拟器发射的光经石英窗口投射到样品上,加热器对样品通电加热,加热功率为 U_1,使样品表面温度维持在温度 T。控制补偿加热器功率,使样品背面温度与补偿加热器内表面温度相等。稳定后,关闭太阳模拟器,增大样品加热器功率至 U_2,使样品温度仍维持在温度 T。该方法能直接测出反射比和发射率,测试精度高,且样品制备方便,特别适用于非金属底材样品的测量。稳态热补偿法测试得到的吸收比 α_s 和发射率 ε_H 分别为

$$\alpha_s = \frac{U_2 - U_1}{E_b A \cos\theta}$$

$$\varepsilon_H = \frac{U_2}{\sigma A (T^4 - T_w^4)} \tag{8.10}$$

式中,E_b 为模拟光辐照度;A 为样品受光照表面积;T_w 为壁面温度;T 为样品温度。

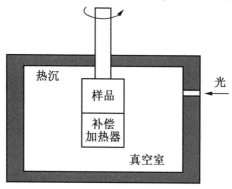

图8.8 稳态热补偿法测试原理示意图

对于材料表面发射率和发射比的测量,除了以上方法外,还有很多其他方法,感兴趣的读者可以查阅相关文献。

8.3　太阳紫外线辐照模拟

太阳紫外线的波长范围为 $0.004 \sim 0.400\ \mu m$,辐射能量只占太阳总辐射能量的 8.73%,而短于 $0.240\ \mu m$ 的真空紫外线辐射只占 0.14%。虽然其能量占比不大,但却产生明显的紫外线辐照效应。根据紫外线对材料和元器件作用的不同机理,可以分为光化学效应和光量子作用。前者主要与紫外线的积分能量有关,而与波长无关。在近紫外线谱域,许多有机材料的衰变过程符合这一规律。紫外线光的光化学作用取决于照射剂量,它等于紫外线辐照度与辐照时间的乘积;后者是指金属材料、合金和半导体材料受紫外线辐照后的性能变化与紫外线的波长有关,并引起金属表面静力学带电。在远紫外线和极端紫外线谱域,光量子作用十分明显。

在太阳紫外线辐照模拟中,主要模拟的是紫外线光的光化学作用。太阳紫外线辐照模拟设备由紫外线光源、光学系统、真空室、热沉和样品台组成。

应用于紫外线辐照模拟设备的紫外线光源有石英泡壳高压汞灯、氢灯、氙灯和高压汞氙灯等。在应用高压汞灯时,一般采用水过滤器方法来消除红外热辐射的影响。氢弧灯能产生波长为 $0.165\ \mu m \sim 0.090\ nm$ 的紫外线谱。氢灯光谱能较好地匹配太阳光谱中的紫外线光谱。氢灯远紫外线谱域的黎曼线谱可以用来模拟太阳的黎曼辐射,适用于模拟光量子作用的紫外线辐照设备。

为尽量减少紫外线光线的反射和透射次数以减少辐射能量的损耗,紫外线辐照模拟设备的光学系统都采用较简单的光学系统。光学系统有准直型、发散型和聚光型三种。准直型和发散型分别产生平行光和发散光,聚光系统可以获得很高的紫外线辐照度,适合进行材料的加速老化试验。紫外线辐照度以紫外线太阳常数为单位,一个紫外线太阳常数的数值等于 $11.805\ 4\ mW/cm^2$。

紫外线辐照模拟试验都在真空环境下进行,非真空环境材料表面将吸附一层空气膜,阻碍紫外线光线通过,由此带来模拟误差。模拟设备通常配置无油系统真空容器,真空度达到 $10^{-5}\ Pa$,热沉内壁涂黑,吸收比大于 0.93,温度为 $100\ K$。当紫外线光是由外部照射到真空密封室内时,需要选择紫外线石英材料作为透光窗口材料,紫外线石英的透过波长范围为 $0.180 \sim 0.300\ \mu m$。

样品台需要具备快速的温度调节和控制能力。当样品进入阴影区时,样品台温度应该接近热沉温度,以消除样品台辐射带来的测量误差。样品台不应产生杂散光,同时要考虑进行原位测量时操作方便。

紫外线辐照试验时,材料特性的测量必须在"原位"下进行。只有在紫外线辐照和真空、冷黑环境不变的条件下完成试件物理参数的测量才是真实的。例如,ZnO 温控涂层在真空中受到紫外线辐照会变黑,取出后在空气环境下又重新发亮,称为漂白效应。涂层吸收比在真空中和空气中测量偏差可以超过 50%。航天器材料、器件在飞行中受到真空、冷黑空间及太阳辐照、粒子辐照的综合作用。因此,紫外线辐照试验应考虑组合环境的模拟来提高模拟试验的可靠性。

思 考 题

1. 已知 T_1 为地面模拟环境试验时航天器表面温度, T_{10} 为航天器在空间飞行时表面温度, ε_1 和 ε_2 分别为航天器表面和热沉表面发射率, $A_{1,2}$ 为航天器表面积与热沉表面积比值, T_2 为热沉内表面温度。试推导航天器在有限尺寸的热沉下得到的表面温度与其在空间环境下的温度差值。

参 考 文 献

［1］ 艾伦 C.空间环境［M］.唐贤明,译.北京:中国宇航出版社,2009.

［2］ 黄敏超,胡小平,吴建军,等.空间科学与工程引论［M］.长沙:国防科技大学出版社,2006.

［3］ 杨晓宁,杨勇.航天器空间环境工程［M］.北京:北京理工大学出版社,2018.

［4］ 文森特 L,张育林,陈小前,等.空间环境及其对航天器的影响［M］.北京:中国宇航出版社,2011.

［5］ 徐福祥,林华宝,侯深渊.卫星工程概论［M］.北京:中国宇航出版社,2003.

［6］ 闵桂荣,张正纲,何知朱.卫星热控制技术［M］.北京:中国宇航出版社,2005.

［7］ 王希季,林华宝,李颐黎.航天器进入与返回技术［M］.北京:中国宇航出版社,2005.

［8］ 沈青.认识稀薄气体动力学［J］.力学与实践,2002,24(6):1-14.

［9］ 张义.超轻充气自维型增阻球设计与分析［D］.哈尔滨:哈尔滨工业大学,2019.

［10］ 杨世铭,陶文铨.传热学［M］.北京:高等教育出版社,2005.

［11］ 黄本诚,童靖宇.空间环境工程学［M］.北京:中国科学技术出版社,2010.

［12］ NOCK K T, GATES K L, AARON K M, et al. Gossamer Orbit Lowering Device (GOLD) for safe and efficient deorbit［R］. USA:AIAA,2010.

［13］ 沈自才,闫德葵.空间辐射环境工程的现状及发展趋势［J］.航天器环境工程,2014,31(3):229-240.

［14］ 童靖宇.原子氧与航天器表面辉光现象［J］.航天器环境工程,2001,66(1):1-5.

［15］ SCHENK M, VIQUERAT A D, SEFFEN K A, et al. Review of inflatable booms for deployable space structures:Packing and rigidization［J］. Journal of Spacecraft and Rockets, 2014, 51(3):762-778.

［16］ 杨志斌,成竹,李丽霞,等.一种一体化热防护承力结构的设计研究［J］.应用力学学报,2018,35(4):783-789.

［17］ 黄伟,曹旭,张章.充气式进入减速技术的发展［J］.航天返回与遥感,2019,40(2):14-24.

［18］ 闫军,韩增尧.近地空间微流星体环境模型研究［J］.航天器工程,2005,14(2):23-30.

［19］ 刘先应,盖芳芳,李志强.锥形弹丸超高速撞击防护屏的碎片云特性参数研究［J］.高压物理学报,2016,30(3):249-257.

［20］ 邢慧颖.空间充气展开太阳电池阵的热分析［D］.哈尔滨:哈尔滨工业大学,
      2007.

［21］ 黄本诚.载人航天器空间环境试验设备的研制［J］.航天器环境工程,2002,19
      (2):11-18.